## Liebe Schülerin, lieber Schüler!

„Bin ich fit für den nächsten Mathetest?“ Wahrscheinlich hast du dich das auch schon einmal gefragt. Mit diesem Heft kannst du dich gut vorbereiten:
Nimm dir ungefähr **30 Minuten Zeit** und bearbeite einen Test mit Aufgaben, die du gerade in der Schule lernst. Wenn du fertig bist, prüfe noch einmal selbst deine Lösungen, bevor du die Ergebnisse genau mit dem Lösungsteil kontrollierst. Nun kannst du dir für jede Aufgabe Punkte geben und **eine Note für deine Leistung errechnen**. Lass dir dabei von einem Erwachsenen helfen. Sei nicht enttäuscht, wenn einmal etwas nicht so gut klappt: Auch aus Fehlern kannst du lernen! Viel Erfolg beim nächsten Test!

## Liebe Eltern!

Tests oder Klassenarbeiten gehören zum Schulalltag dazu. Dieses Abfragen von Wissen und Können ist für die Kinder eine besondere Herausforderung, sodass es für sie eine Beruhigung sein kann, vorher zu Hause einen Übungstest zu schreiben: Mit diesem Heft können die Kinder ihre Rechenfertigkeiten stärken und ihr Verständnis für Text- und Sachaufgaben überprüfen. Die Tests greifen alle lehrplanrelevanten Themen auf und begleiten somit die Kinder durch das ganze Schuljahr.

**Hinweise**: Nicht immer werden die Aufgaben genau zu dem besprochenen Unterrichtsstoff/Themenbereich passen, denn Lehrerinnen und Lehrer setzen ihre Schwerpunkte zu unterschiedlich. So kann die hier errechnete Note auch nur eine Tendenz aufzeigen. Wenn Ihr Kind vor allem bei Textaufgaben Schwierigkeiten haben sollte, ermutigen Sie es, sich den Lösungsweg im **herausnehmbaren Lösungsteil** genau anzusehen, um so die Struktur einer neuen Aufgabe zu verstehen und sie später bei ähnlichen Aufgaben anwenden zu können. Rechenwege können vielseitig sein. Exemplarisch wird hier **einer** aufgezeigt. Besonders bei Sachaufgaben und Rechenrätseln ist es wichtig, immer **alle Rechenschritte** aufzuschreiben, denn auch Fragen, Zwischenergebnisse und Antworten werden in Tests mit Punkten gewertet.

Am Ende des Heftes gibt es eine **Übersicht zu Fachbegriffen**. Hier können Fachwörter, aber auch Rechenregeln und Größen und ihre Einheiten, die für die Tests bzw. für den Mathematikunterricht im Allgemeinen wichtig sind, nachgeschlagen werden. Anschaulich und mit Beispielen erklärt, lässt sich so eine Verständnislücke schließen.

Auf ein fröhliches und erfolgreiches Schuljahr!

Agnes Spiecker

Sollte Ihr Kind Schwierigkeiten beim Lösen der Aufgaben haben, empfehle ich Ihnen zusätzlich unsere Lernhilfen:
**Mathe trainieren – 2. Klasse** (Heft 72) und
**Textaufgaben – 2. Klasse** (Heft 52).

# 1. Rechnen bis 20

**1** **Schreibe zu jedem Kasten eine passende Plusaufgabe und rechne sie aus.**

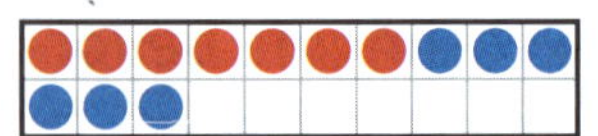 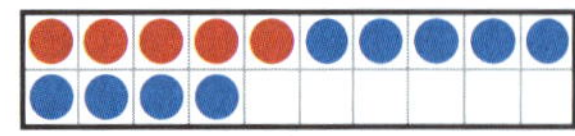 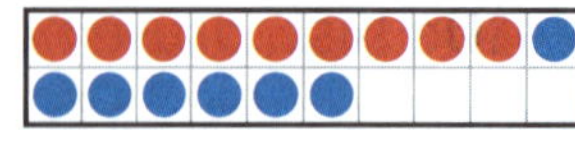 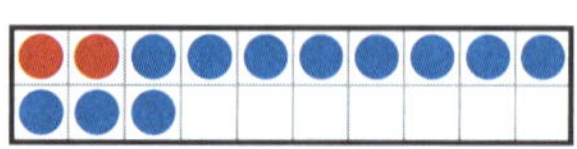

______ ______ ______ ______

/ 4

**2** **Ergänze die Reihen in den Zahlenwürmern passend.**

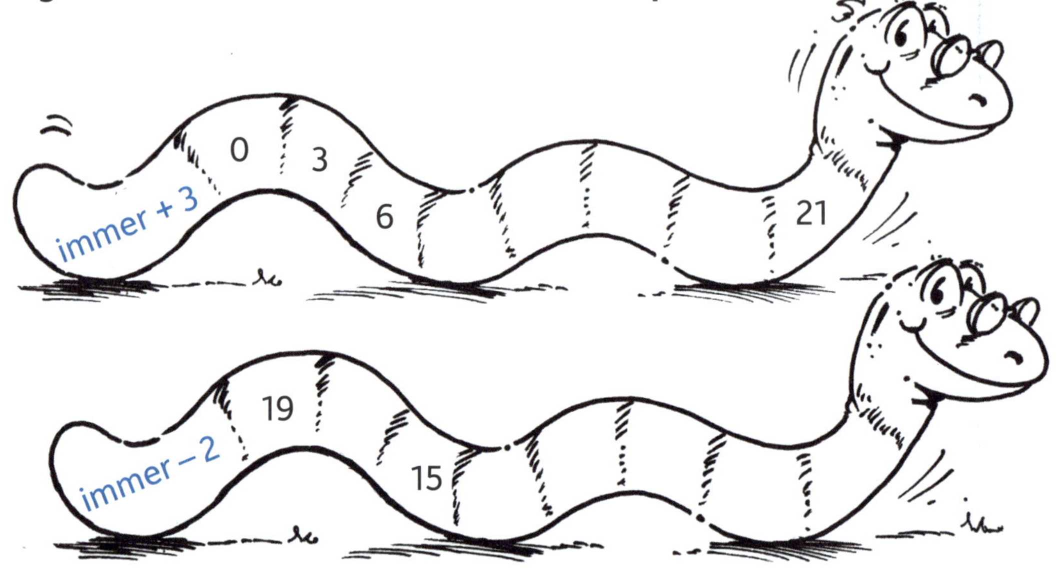


/ 5

**3** **Kleine und große Aufgaben bis 20. Rechne aus und verbinde passend.**

| | | | |
|---|---|---|---|
| 4 + 5 = ___ | 16 + 2 = ___ | 8 – 3 = ___ | 19 – 5 = ___ |
| 7 + 3 = ___ | 17 + 3 = ___ | 7 – 5 = ___ | 19 – 8 = ___ |
| 6 + 2 = ___ | 11 + 8 = ___ | 9 – 8 = ___ | 18 – 3 = ___ |
| 1 + 8 = ___ | 14 + 5 = ___ | 9 – 5 = ___ | 17 – 5 = ___ |

/11,5

**4** **Rechne über die 10. Schrittweise oder im Kopf? Rechne deinen Weg.**

9 + 5 = ___
9 + 1 + 4 = ___

8 + 7 = ___

6 + 8 = ___

13 – 4 = ___
13 – 3 – 1 = ___

16 – 9 = ___

12 – 7 = ___

/ 6

**5** **Rechenmauern: Zwei Steine nebeneinander ergeben die Zahl darüber.**

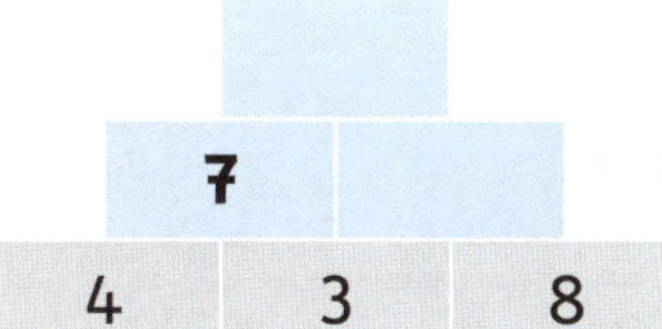


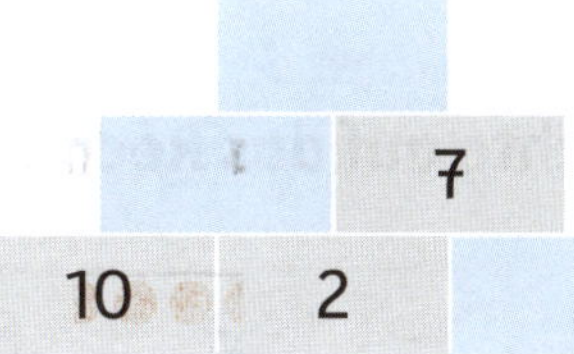

☐ / 4

**6** **Zahlenhaus: Zwei Zahlen nebeneinander ergeben zusammen die Zahl im Dach.**

| 20 | |
|---|---|
| 15 | |
| 17 | |
| | 4 |
| | 8 |

| 14 | |
|---|---|
| 10 | |
| 9 | |
| 7 | |
| 3 | |

| 17 | |
|---|---|
| 12 | |
| | 3 |
| 7 | |
| 9 | |

☐ / 6

**7** **Bilde aus folgenden 3 Zahlen zwei Plusaufgaben und zwei Minusaufgaben.**

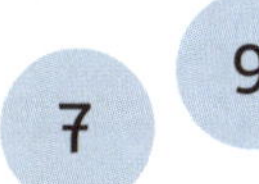

____ + ____ = ____ ____ – ____ = ____

____ + ____ = ____ ____ – ____ = ____

☐ / 4

**8** **Wer ist wie alt?**

Ich bin schon neun Jahre alt.

Ich bin 3 Jahre jünger als Mara.

Ich bin doppelt so alt wie Justus.

Mara ist zwei Jahre älter als ich.

| Mara | Justus | Lea | Nora |
|---|---|---|---|
| ☐ Jahre | ☐ Jahre | ☐ Jahre | ☐ Jahre |

☐ / 4

**Von 44,5 Punkten hast du ______ erreicht.**

## 2. Rechnen bis 20

**1** **Rechentabellen: Ergänze die Lücken. Achte auf das Rechenzeichen.**

| + | 4 | 5 | 9 | |
|---|---|---|---|---|
| 6 | **10** | | | 14 |
| 9 | | | | |

| – | 3 | 5 | 8 | |
|---|---|---|---|---|
| 19 | **16** | | | 9 |
| 14 | | | | |

/ 7

**2** **Kannst du verdoppeln? Rechne aus.**

3 + 3 = ___ 4 + 4 = ___ 8 + 8 = ___ 10 + 10 = ___

7 + 7 = ___ 5 + 5 = ___ 9 + 9 = ___ 6 + 6 = ___

/ 4

**3** **Rechne: plus und minus über die 10. Achte auf das Rechenzeichen.**

9 + 2 = ___ 12 – 3 = ___ 14 – 5 = ___ 7 + 6 = ___

9 + 4 = ___ 12 – 5 = ___ 5 + 8 = ___ 11 – 9 = ___

9 + 6 = ___ 12 – 7 = ___ 17 – 9 = ___ 4 + 8 = ___

/ 6

**4** **Immer zwei Aufgaben gehören zusammen. Rechne aus und verbinde jede Aufgabe mit ihrer Umkehraufgabe. Beispiel: 2 + 3 = 5 ⟶ 5 – 3 = 2**

8 + 3 = ___ 4 + 7 = ___ 6 + 8 = ___ 8 + 9 = ___

14 – 8 = ___ 17 – 9 = ___ 11 – 3 = ___ 11 – 7 = ___

/ 6

**5** **Rechendreiecke: Ergänze die Lücken.**

**Beispiel:**

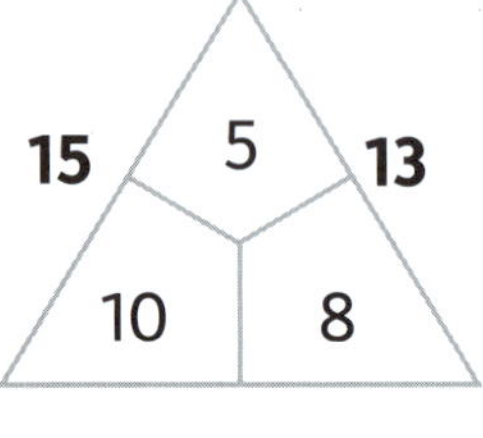


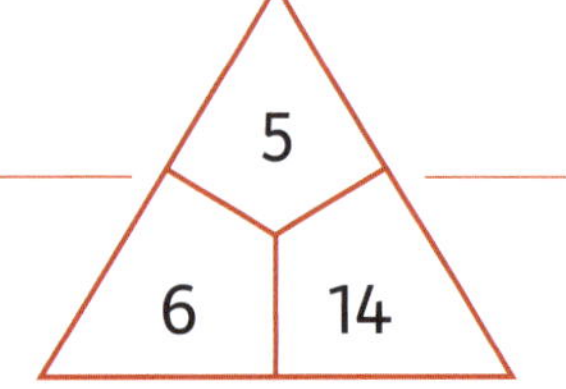


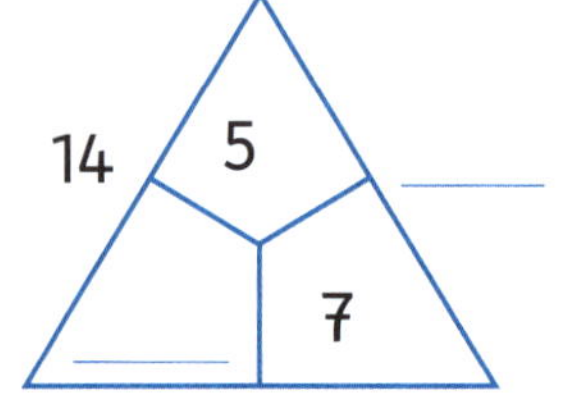


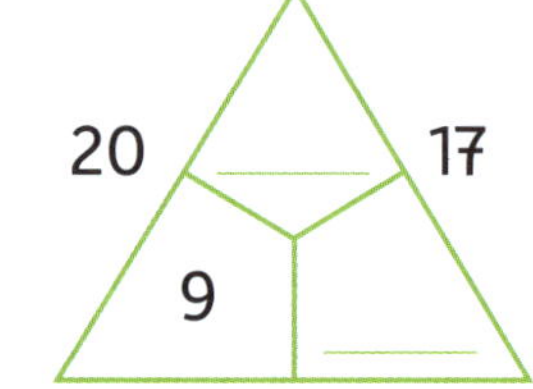


/4,5

## Sachaufgaben: Der Herbst ist da!

**6** Tim, Ben, Leo und Marie sammeln Kastanien.

Tim findet 8 Kastanien.
Ben sammelt doppelt so viele wie Tim.
Leo hat 7 Kastanien weniger als Ben.
Marie findet 12 Eicheln, aber keine Kastanien.

▶ Wie viele Kastanien hat jedes Kind?

Rechne: ______________________________

______________________________

Antworte: Tim hat **8** Kastanien, Ben hat ______ Kastanien,

Leo hat ______ Kastanien, Marie hat ______ Kastanien. ☐ / 3

**7** Jule hat **4** rote, **9** gelbe und **5** braune Herbstblätter gesammelt.

**a** Wie viele Herbstblätter hat Jule **insgesamt** gesammelt?

Rechne: ______________________________ ☐ / 1

Antworte: Jule hat insgesamt ______ Blätter gesammelt. ☐ /0,5

**b** Jetzt klebt sie ein Bild. Dafür nimmt sie **6 von den gesammelten Herbstblättern**. Als Jules Bild fertig ist, bleiben ihr noch Herbstblätter **übrig**. Wie viele?

Rechne: ______________________________ ☐ / 1

Antworte: Jule bleiben noch ______ Blätter übrig. ☐ /0,5

**Von 33,5 Punkten hast du ______ erreicht.**

Kontrolliere deine Aufgaben ganz genau. Vergleiche dann deine Ergebnisse mit den Lösungen.

Zähle deine Punkte zusammen. So kannst du deine Note berechnen.

# 3. Rechnen bis 20

**1 Rechenräder: Rechne + von innen nach außen.**

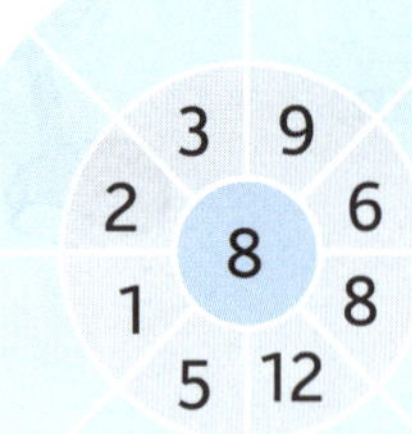


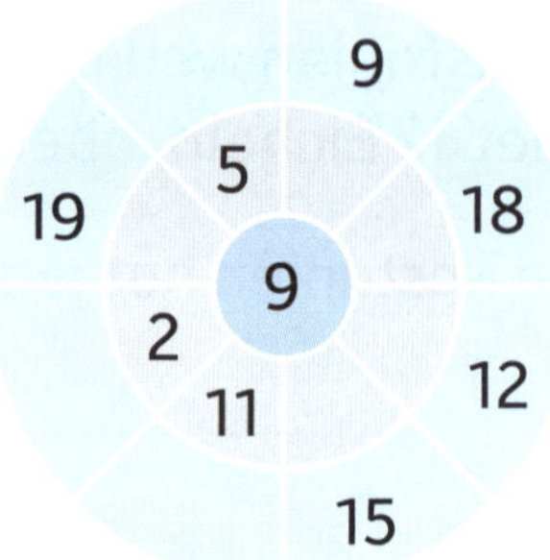


/ 12

**2 Wie gehen die Zahlenreihen weiter? Ergänze immer zwei Zahlen.**

**a** 2 → 4 → 6 → 8 → 10 → ____ → ____

**c** 3 → 6 → 9 → ____ → ____

**b** 4 → 8 → 12 → ____ → ____

**d** 20 → 18 → 16 → ____ → ____

/ 4

**3 Drei Zahlen auf einem Kleeblatt ergeben zusammen immer 20. Ergänze jeweils die dritte Zahl.**

/ 5

**4 Setze ein: <, > oder =.**

| | | |
|---|---|---|
| 14 + 1 ◯ 13 + 2 | 15 + 4 ◯ 18 – 2 | 7 + 8 ◯ 4 + 12 |
| 19 – 7 ◯ 16 – 3 | 20 – 9 ◯ 8 + 3 | 19 – 14 ◯ 16 – 13 |

/ 6

**5 Zahlenrätsel: Welche Zahlen sind gemeint?**

Wenn du zu meiner Zahl 8 dazuzählst, erhältst du die Zahl 20.

____

Mein Zahl ist um 8 größer als 6.

____

Wenn du von meiner Zahl erst drei und dann vier abziehst, erhältst du sechs.

____

/ 3

**Sachaufgaben: Fragen, rechnen und antworten.**

**6** Verbinde jede Aufgabe mit der passenden Rechnung.
Löse jede passende Rechnung. Die anderen Rechnungen rechne nicht aus.

|  |  |
|---|---|
| Auf einem Parkplatz stehen 17 Autos. 12 Autos fahren weg. Wie viele Autos sind noch da? | 17 + 3 = ____ |
| | 12 – 7 = ____ |
| Soraya hat 17 Sticker. Eva hat 3 Sticker. Wie viele Sticker haben sie zusammen? | 20 – 3 = ____ |
| | 15 – 8 = ____ |
| In die Klasse 2a gehen 20 Kinder. Heute sind 3 Kinder nicht da. Wie viele Kinder sind heute da? | 17 – 12 = ____ |
| | 12 + 5 = ____ |
| In einem Bus sitzen 12 Personen. Jetzt steigen 7 ein. Wie viele Personen sind jetzt im Bus? | 20 + 3 = ____ |
| | 12 + 7 = ____ |

☐ / 4

**7** Sarah hat zu ihrem Geburtstag 11 Kinder aus der Klasse 2b eingeladen.
5 Kinder davon sind Mädchen.

▸ Welche Frage passt zu dieser Aufgabe? Kreuze an. Rechne aus.

◯ Wie viele Erwachsene sind bei dem Geburtstag dabei?

◯ Wie viele Kinder gehen in die Klasse 2b?

◯ Wie viele Jungen aus der Klasse 2b hat Sarah eingeladen? ☐ /0,5

Rechne: ______________________ ☐ / 1

**8** Finde eine Rechnung und eine Antwort.

Ich kaufe mir:

Wie viel muss der Junge bezahlen?

Rechne: ______________________ ☐ / 1

Antworte: Er muss ______ € bezahlen. ☐ /0,5

**Von 37 Punkten hast du ______ erreicht.**

# 4. Zahlen bis 100

**1 Schreibe als Zahl.**

**a**

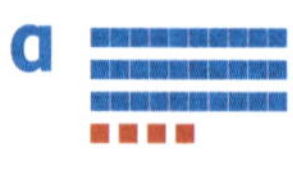

34

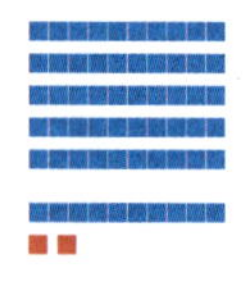

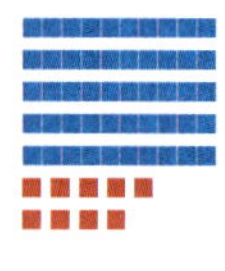

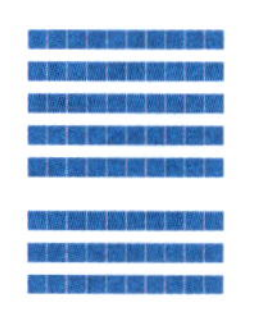

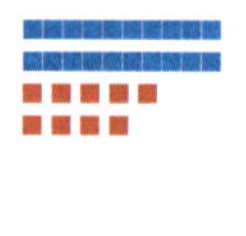

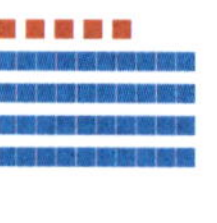

_____ _____ _____ _____ _____ /2,5

**b** siebenundzwanzig: _____ neunzehn: _____ 4Z 0E: _____

dreiundneunzig: _____ fünfundfünfzig: _____ 7Z 5E: _____ / 3

**2 Vergleiche. Setze <, > oder = ein.**

55 ○ 65 | 87 ○ 78 | 100 ○ 100 | 8Z 1E ○ 8Z 8E

46 ○ 45 | 29 ○ 31 | 13 ○ 30 | 5E 9Z ○ 9Z 5E / 4

**3 Hier siehst du verschiedene Ziffernkarten. Wähle jeweils zwei davon und bilde die kleinste und die größte zweistellige Zahl.**

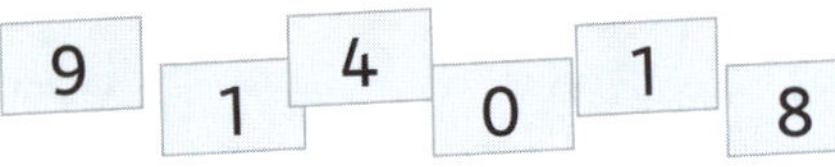


kleinste Zahl: _____ größte Zahl: _____ / 2

**4 Male bei jeder Maus den Luftballon mit der größten Zahl rot, mit der kleinsten Zahl blau an.**

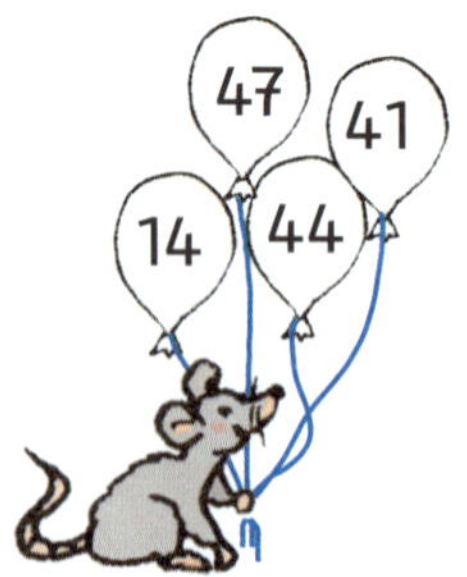


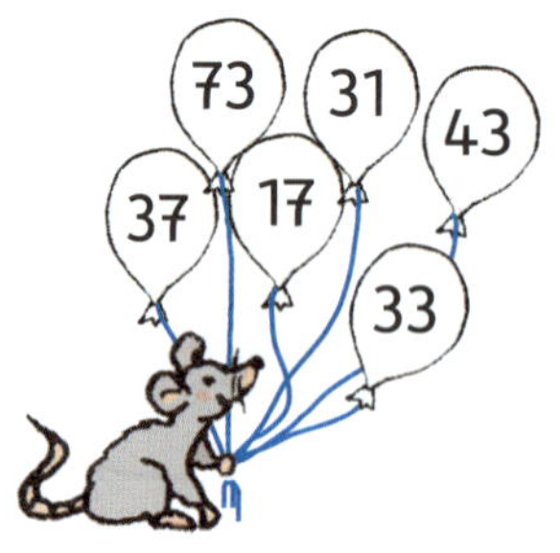


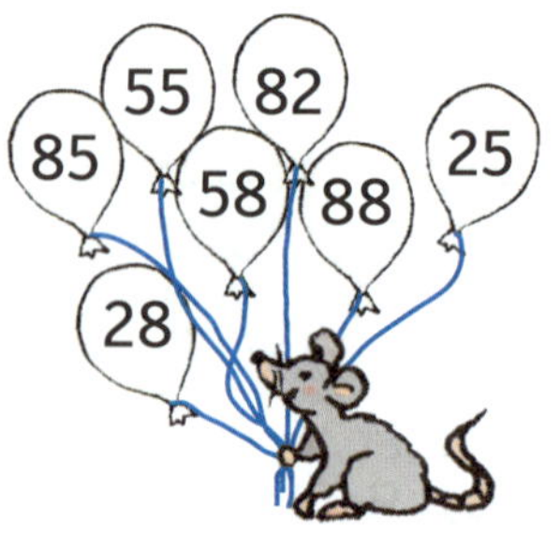


/ 3

**5 Zähle in Schritten vorwärts.**

10er-Schritte: 13 → 23 → _____ → _____ → _____

5er-Schritte: 15 → _____ → _____ → _____ → _____ /3,5

**6** **Hier siehst du ein Hunderterfeld. Schreibe hinein …**

| | | 3 | | 5 | | 7 | | 9 | 10 |
|---|---|---|---|---|---|---|---|---|---|
| | | | 14 | | | | | | |
| 21 | | | | | | | 28 | | 30 |
| | | 33 | | | | | | | |
| 41 | | | | | | | | | 50 |
| | | | | | 56 | | | | |
| 61 | | | | | | | | | |
| | | | | | | | | | |
| 81 | | | | | | | | | 90 |
| | 92 | | 94 | | 96 | | 98 | | |

mit einem **roten Stift**: alle Zahlen mit **7 Zehnern**.

mit einem **blauen Stift**: die Zahl mit **4 Einern** und **5 Zehnern**.

mit einem **grünen Stift**: die Zahlen **23**, **45**, **67** und **89**.

mit einem **braunen Stift**: die **größte** und die **kleinste** Zahl im Hunderterfeld.

☐ / 4

**7** **Welche Zahl steht jeweils genau in der Mitte?**

50 ☐ 70

30 ☐ 40

87 ☐ 91

☐ / 3

**8** **Welche Zahlen hat sich das Rechenäffchen ausgedacht?**

**A** Die Zahl liegt zwischen 40 und 50. Sie hat genauso viele Zehner wie Einer: ______

**B** Die Zahl hat sechs Einer und sieben Zehner: ______

**C** Die Zahl ist halb so groß wie die Zahl Hundert: ______

**D** Der Nachfolger meiner Zahl ist die 39. Wie heißt die gesuchte Zahl? ______

**E** Wenn du im Hunderterfeld bei der Zahl 17 startest, erst zwei Schritte nach rechts und dann drei Schritte nach unten gehst, erreichst du meine Zahl: ______

☐ / 5

**Von 30 Punkten hast du ______ erreicht.**

# 5. Zahlen und einfaches Rechnen bis 100

**1a Trage die Zahlen in die Kästchen ein.**

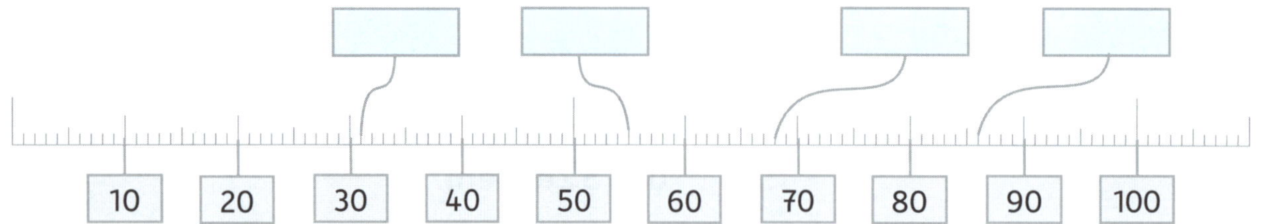


/ 2

**b Verbinde die Zahlen passend mit dem Zahlenstrahl.**

59 63 78 74 99 88

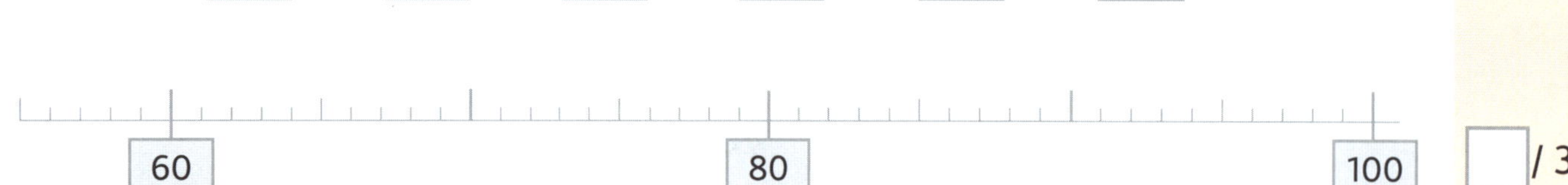


/ 3

**2 Finde die Nachbar<u>einer</u>.**

| Vorgänger | Zahl | Nachfolger |
|---|---|---|
| | 17 | |
| | 50 | |
| 28 | | |

**Finde die Nachbar<u>zehner</u>.** (Siehe S. 51)

| kleiner NZ | Zahl | großer NZ |
|---|---|---|
| | 45 | |
| | 61 | |
| | 96 | |

/ 6

**3 Zerlege die Zahlen in eine Zehnerzahl und in eine Einerzahl.**

Beispiel: 28 = 20 + 8 | 75 = ______ | 96 = ______

54 = ______ | 41 = ______ | 70 = ______

/2,5

**4 Zwei Zahlen ergeben jeweils zusammen genau 100. Male passend Schlüssel und Schloss jeweils mit der gleichen Farbe an.**

/2,5

**5 Rechne.**

30 + 6 = ___ 30 + 60 = ___ 70 – 60 = ___ 63 – 10 = ___

50 + 4 = ___ 50 + 20 = ___ 40 – 20 = ___ 93 – 10 = ___

7 + 70 = ___ 10 + 70 = ___ 100 – 40 = ___ 43 – 10 = ___

/ 6

**6 Rechenmauern: Zwei Steine nebeneinander ergeben die Zahl darüber.**

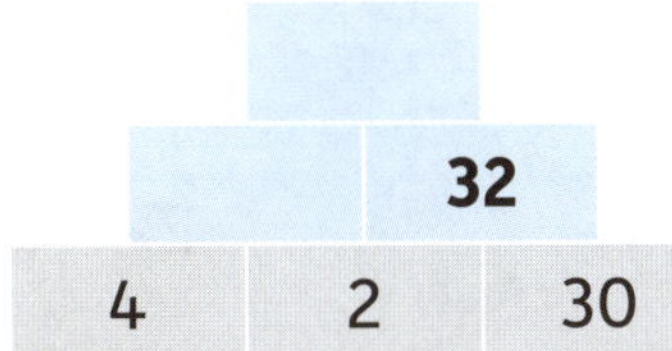


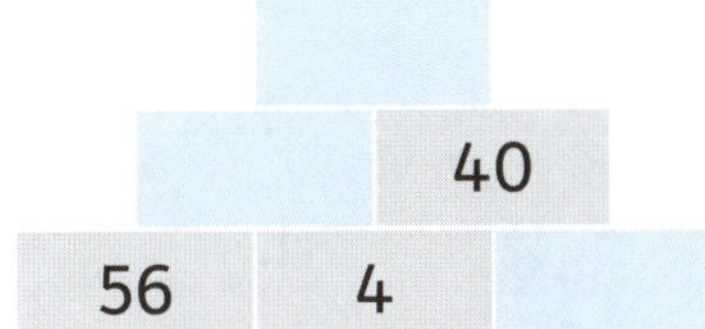


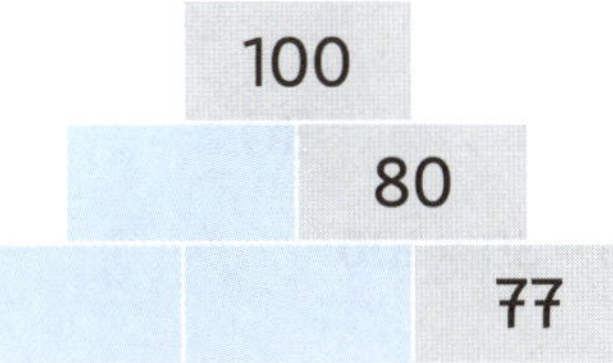

/ 4

**7 Ergänze zum nächsten Zehner.** Beispiel: 26 + **4** = **30**

15 + ___ = ___ 72 + ___ = ___

29 + ___ = ___ 53 + ___ = ___

44 + ___ = ___ 88 + ___ = ___

/ 6

**8a Finde die Zahlen heraus und vergleiche sie. Schreibe in den Kreis: <, > oder =.**

Meine Zahl ist um 5 kleiner als 70.

Meine Zahl ist größer als 55 und kleiner als 75. Sie hat zwei gleiche Ziffern.

___ ◯ ___

/2,5

**b Finde auch diese beiden Zahlen heraus und vergleiche sie.**

Meine Zahl hat 4 Zehner und doppelt so viele Einer.

Meine Zahl ist der Vorgänger von 49.

___ ◯ ___

/2,5

**Von 37 Punkten hast du ___ erreicht.**

# 6. Rechnen bis 100

**1 Auf jeder Linie sind es zusammen immer 100. Ergänze die Lücken.**

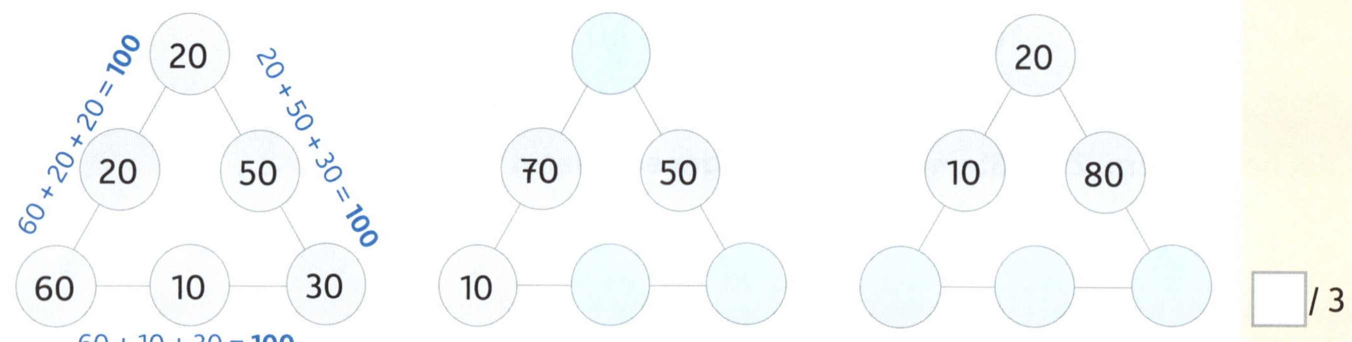


/ 3

**2 Rechentabellen: Ergänze die Lücken. Achte auf das Rechenzeichen.**

| + | 3 | | 5 | |
|---|---|---|---|---|
| 62 | | 63 | | |
| 33 | | | | 40 |

| – | 3 | 5 | | |
|---|---|---|---|---|
| 99 | | | 91 | 93 |
| 50 | | | | |

/ 8

**3 Aufgepasst: Rechne plus und minus.**

| | | | |
|---|---|---|---|
| 44 + 2 = ____ | 47 – 5 = ____ | 69 – 1 = ____ | 97 – 6 = ____ |
| 32 + 6 = ____ | 66 + 4 = ____ | 42 + 7 = ____ | 100 – 2 = ____ |
| 75 – 4 = ____ | 55 – 3 = ____ | 38 – 8 = ____ | 41 + 8 = ____ |

/ 6

**4 Setze die Reihen passend fort.**

**a** 48 → 51 → 54 → ____ → ____

**b** 88 → 86 → 84 → ____ → ____

/ 2

**5 Rechenkette: Ergänze alle Lücken.**

80 → – 20 → ____ → – 8 → ____ → + 40 → ____ → + 7 → ____

/ 2

**6a Welche Zahl ist um 6 größer als 32?**

Rechne: ____________________ Die Zahl heißt: ________.

/1,5

**b Wenn ich von meiner Zahl 7 abziehe, erhalte ich 43.**

Rechne: ____________________ Die Zahl heißt: ________.

/1,5

**Sachaufgaben: Spaß im Schnee**

**7** Die Klasse 2c mit 22 Kindern macht einen Ausflug zum Schlittenfahren. Als sie ankommen, sind auf dem Schlittenhügel schon 7 Kinder.

▶ Wie viele Kinder sind jetzt insgesamt auf dem Schlittenhügel?

Rechne: ____________________ /1

Antworte: Auf dem Schlittenhügel sind jetzt insgesamt _____ Kinder. /0,5

**8** Rahel und Julia bauen aus Schneekugeln eine Mauer. Als Erstes legen sie 7 Kugeln in eine Reihe. Darüber bauen sie eine Reihe mit einer Kugel weniger. Darüber legen sie wieder eine Reihe mit noch einer Kugel weniger. Und so weiter. Ganz oben liegt als Spitze nur noch eine Kugel.

▶ Wie viele Kugeln haben die beiden verbaut?
Schreibe eine Rechnung und rechne aus. Eine Zeichnung kann dir helfen.

Rechne: /1

Antworte: Die Kinder haben _____ Kugeln verbaut. /0,5

**9** Marco, Josip und Pablo machen eine Schneeballschlacht. Marco hat 32 Schneebälle vorbereitet, Josip sogar noch 8 mehr. Pablo hat 10 weniger als Marco.

▶ Wie viele Schneebälle hat Marco, wie viele hat Josip, wie viele hat Pablo?

Rechne: /2

Antworte: Marco hat _____ Schneebälle, Josip hat _____ Schneebälle,
Pablo hat _____ Schneebälle. /1,5

**Von 30,5 Punkten hast du _____ erreicht.**

# 7. Rechnen bis 100

**1** **Finde passende Plusaufgaben und rechne sie aus.**

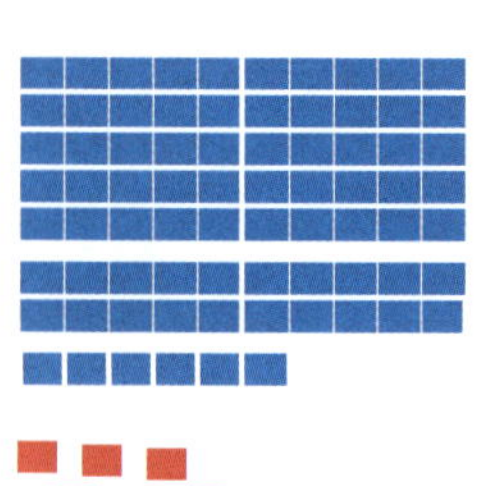

76 + ______

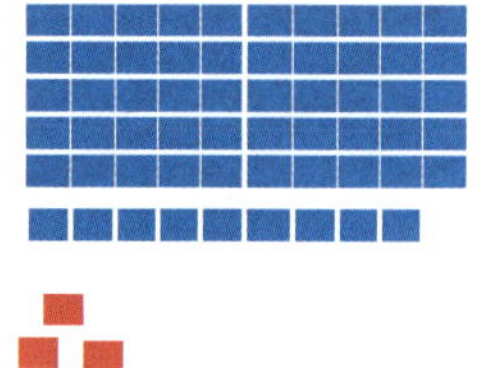

______

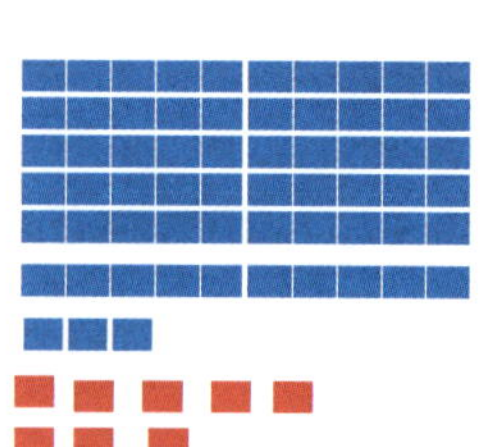

______

/ 3

**2** **Ergänze zum nächsten Zehner. Verbinde jeweils passend.**

**a**

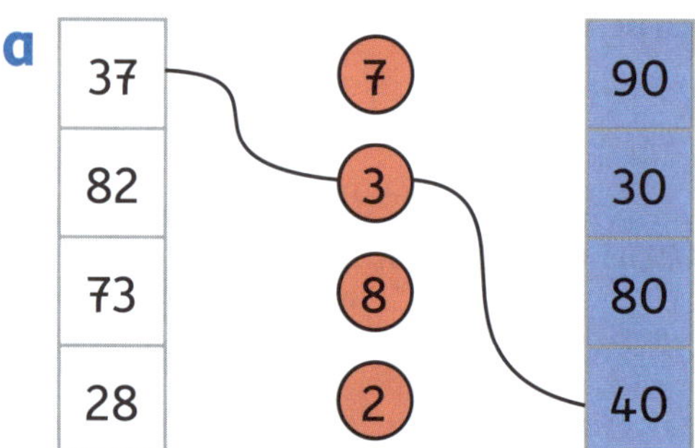


**b**

| | | |
|---|---|---|
| 55 | 4 | 100 |
| 66 | 6 | 70 |
| 44 | 1 | 50 |
| 99 | 5 | 60 |

/3,5

**3** **Rechne über den nächsten Zehner. Wähle deinen eigenen Rechenweg.**

48 + 5 = ____
48 + 2 + 3 = ____

42 + 9 = ____

24 + 8 = ____

66 – 7 = ____
66 – 6 – 1 = ____

75 – 8 = ____

31 – 6 = ____

/ 6

**4** **Rechenräder: Rechne + von innen nach außen.**

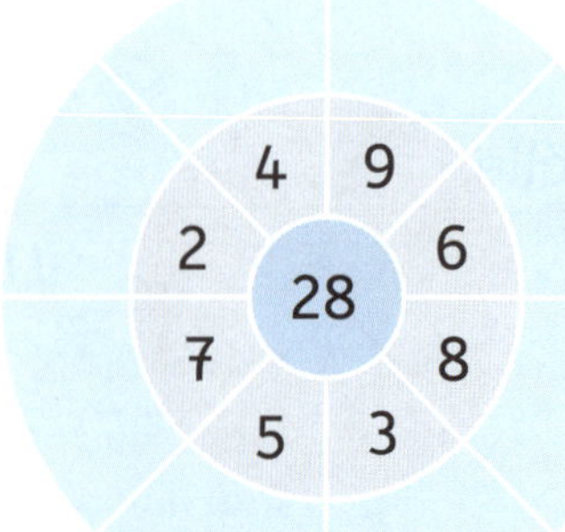


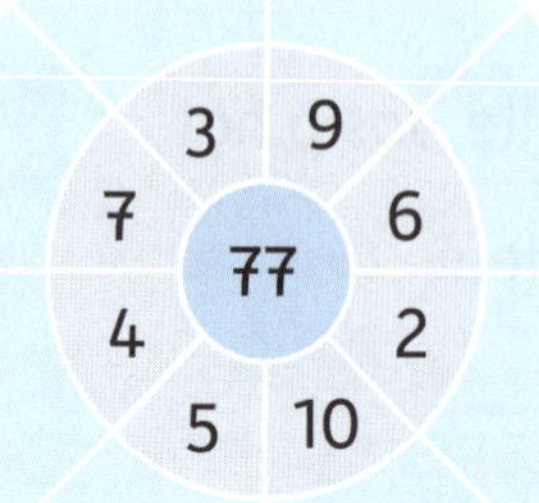


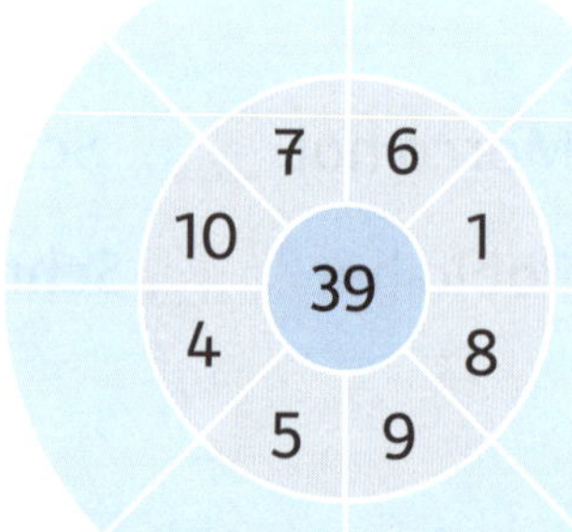


/12

**5** **Ergänze auch hier die Lücken.**

88 + ____ = 93 ____ + 4 = 32 61 – ____ = 59 ____ – 7 = 46

88 + ____ = 95 ____ + 7 = 32 61 – ____ = 55 ____ – 5 = 46

88 + ____ = 97 ____ + 9 = 32 61 – ____ = 51 ____ – 8 = 46

☐ / 6

**6** **Jede Farbe steht immer für die gleiche Zahl. Finde heraus, welche Farbe für welche Zahl steht. Das ist bekannt: jedes rote Feld = 20, jedes grüne Feld = 7.**

braun + braun = rot

rot + rot = orange

braun + blau = gelb

lila – grün = blau

gelb – grün = grau

☐ / 3

**7** **Achtung, manche Ergebnisse stimmen hier nicht! Mache einen Haken (✓) hinter richtige Ergebnisse. Streiche falsche Ergebnisse durch.**

78 + 5 = 83 27 + 5 = 23 60 – 8 = 51 44 – 3 = 31

76 + 7 = 85 38 + 6 = 32 90 – 9 = 81 54 – 5 = 49

78 + 9 = 87 25 + 7 = 32 40 – 7 = 37 84 – 8 = 76

☐ / 6

**8** **Wenn du jeweils die Zahlen auf den 4 Würfeln zusammenzählst, erhältst du die Zahl auf dem Schild darunter. Ergänze die fehlenden Zahlen.**

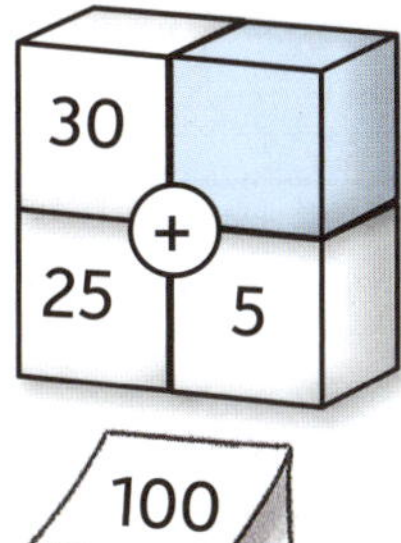

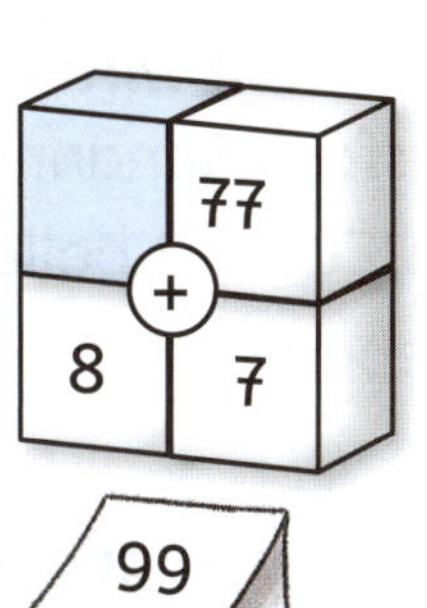


☐ / 5

**Von 44,5 Punkten hast du ____ erreicht.**

## 8. Informationen entnehmen: Diagramme und Tabellen

**1** Die Lehrerin fragt die Kinder der Klasse 2d nach ihrem Lieblingsfach: Jedes Kind darf sich genau bei einem Fach melden.
In einem Diagramm haben die Kinder die Ergebnisse aufgeschrieben.

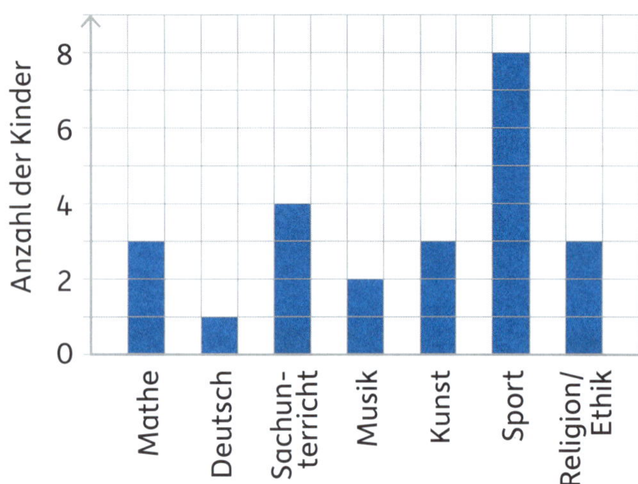


**a** **Lies aus dem Diagramm ab. Ergänze jeweils das passende Fach.**

______ wird von den meisten Kindern als Lieblingsfach genannt.

______ wird von den wenigsten Kindern als Lieblingsfach genannt. ☐ / 2

**b** **Stimmen die Aussagen? Kreuze richtig oder falsch an.**

| | richtig | falsch |
|---|---|---|
| Drei Kinder haben Mathe als Lieblingsfach. | | |
| Musik und Kunst werden gleich oft als Lieblingsfach genannt. | | |
| Deutsch gibt kein Kind als Lieblingsfach an. | | |
| Sachunterricht wird von weniger Kindern als Lieblingsfach genannt als Sport. | | |
| Religion/Ethik ist beliebter als Kunst. | | |
| Sport geben sieben Kinder als Lieblingsfach an. | | |

☐ / 6

**c** **Wie viele Kinder gehen insgesamt in die Klasse 2d?**

Rechne: ______ ☐ / 1

Antworte: In die Klasse 2d gehen insgesamt ______ Kinder. ☐ /0,5

**2** Die Kinder der Klasse 2d haben darüber abgestimmt, wohin sie den nächsten Ausflug machen wollen: Die Lehrerin hat vier Vorschläge gemacht. In einer Strichliste haben sie die Ergebnisse gezählt.

Theater: ||| Kindermuseum: |||| | Schwimmbad: |||| Zoo: |||| |||| |

**a Zeichne selbst passend die fehlenden Balken in das Schaubild ein.**

Theater
Zoo
Kindermuseum
Schwimmbad

0 2 4 6 8 10 12 14 16 Anzahl der Kinder

/ 3

**b Für welches Ausflugsziel entscheidet sich die Klasse 2d? Begründe.**

Die Klasse 2d entscheidet sich für ______,

weil ______.

/ 2

**3** Folgende Angaben sind zu den Klassen 2a, 2b und 2c bekannt:

In die Klasse 2a gehen 12 Mädchen und 10 Jungen.
In der Klasse 2b sind 7 Jungen und doppelt so viele Mädchen.
In die Klasse 2c gehen 22 Kinder. Es sind gleich viele Mädchen wie Jungen.

**a Fülle die ganze Tabelle passend aus. Die Informationen findest du oben.**

| | Klasse 2a | Klasse 2b | Klasse 2c |
|---|---|---|---|
| Mädchen | | | |
| Jungen | | | |
| Kinder insgesamt | | | |

/ 9

**b Wie viele Mädchen gibt es in den drei Klassen zusammen?**

Rechne: ______

/ 1

Antworte: In den drei Klassen zusammen gibt es ______ Mädchen.

/0,5

**Von 25 Punkten hast du ______ erreicht.**

## 9. Flächenformen, Körperformen und Ansichten

**1** **Verbinde die Flächenformen jeweils mit dem passenden Begriff.
Achtung: Manche Flächen passen zu keinem Begriff.**

Kreis Rechteck Quadrat Dreieck

/ 7

**2** **Zeichne mit Lineal in das Gitternetz:**

| ein zweites Dreieck, das gleich groß ist, das aber das erste Dreieck nicht berührt | ein kleines Quadrat, das innerhalb eines größeren Quadrats liegt | ein Rechteck, das 7 Kästchen lang und 4 Kästchen breit ist |
|---|---|---|

/3

**3** **Male an: Würfel grün, Kugel rot, Quader blau, Kegel orange, Zylinder braun.**

/ 5

**4** **Male jeweils die passende Zahl an, sodass der Satz stimmt.**

Eine **Kugel** hat 0 1 2 Ecken. Ein **Würfel** hat 4 6 8 Flächen.

Ein **Quader** hat 4 8 12 Ecken. Ein **Zylinder** hat 0 1 2 Kanten.

/ 4

**5** **Welcher Körper kann hier gestanden haben? Schau dir den Abdruck an.
Kreuze <u>alle</u> passenden Körper an.**

◯ Würfel ◯ Zylinder ◯ Quader ◯ Kegel

/ 2

**6** **Aus welchen Körpern sind die Figuren gebaut worden? Zähle und trage ein.**

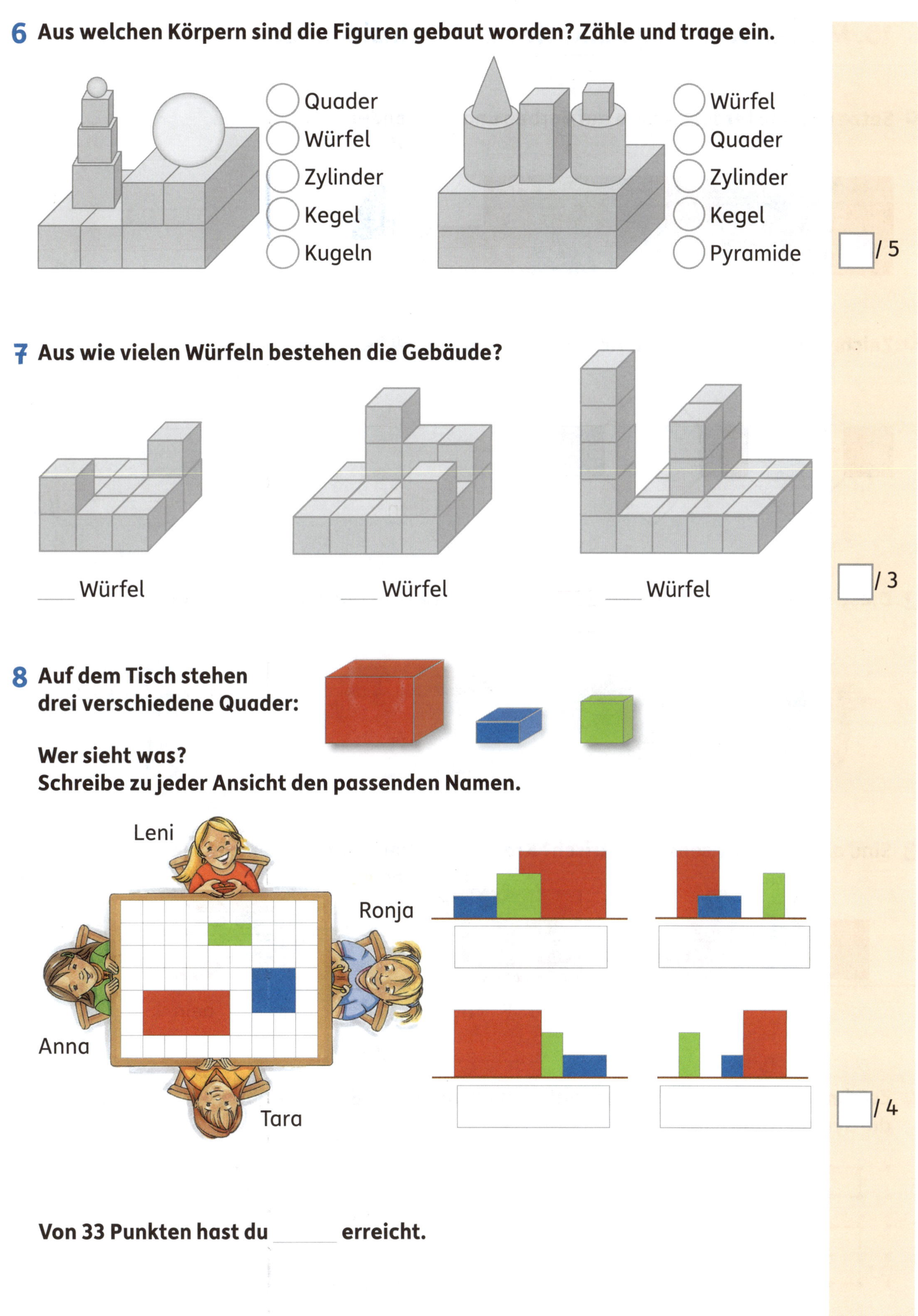


**7** **Aus wie vielen Würfeln bestehen die Gebäude?**



**8** **Auf dem Tisch stehen drei verschiedene Quader:**

**Wer sieht was?**
**Schreibe zu jeder Ansicht den passenden Namen.**



**Von 33 Punkten hast du ______ erreicht.**

# 10. Muster, Achsensymmetrie und Flächenformen

**1a** **Setze das Muster fort. Achte auf Farben und Formen.**

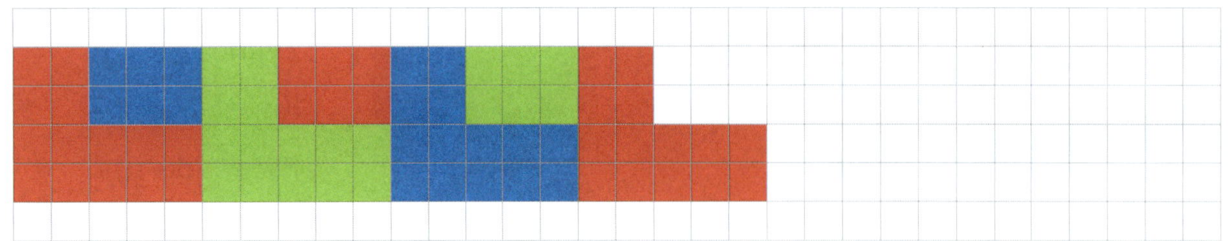

/ 2

**b** **Zeichne das Muster weiter. Achte auf Linien und Farben. Nimm dein Lineal.**

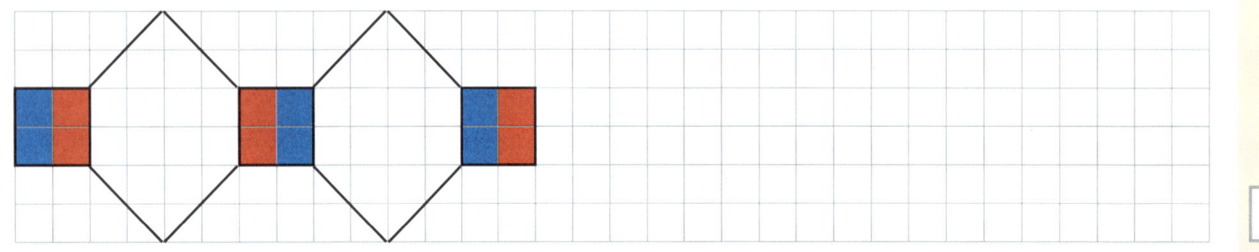

/ 2

**2** **Diese Bilder haben jeweils eine Symmetrieachse. Zeichne sie mit Lineal ein.**

/ 5

**3** **Sind die Bilder achsensymmetrisch? Kreuze an. Überprüfe mit dem Spiegel.**

○ ja ○ nein    ○ ja ○ nein    ○ ja ○ nein

/ 3

**4** **Zeichne die Figuren achsensymmetrisch fertig. Die rote Linie ist jeweils die Symmetrieachse.**

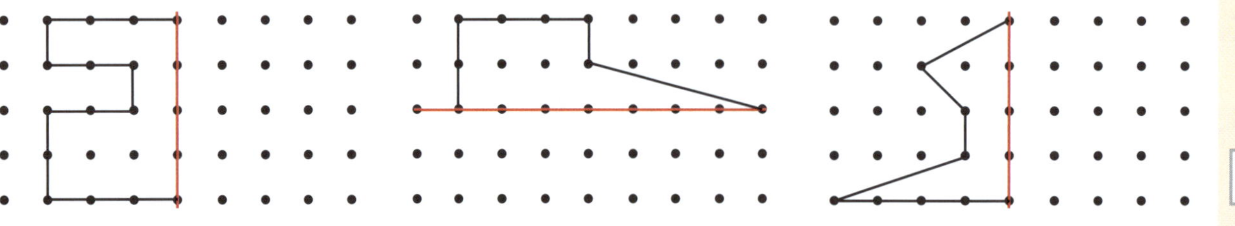

/ 3

**5** **Male das Bild so fertig, dass ein achsensymmetrisches Muster mit zwei Symmetrieachsen entsteht. Ergänze Farben und Linien.**

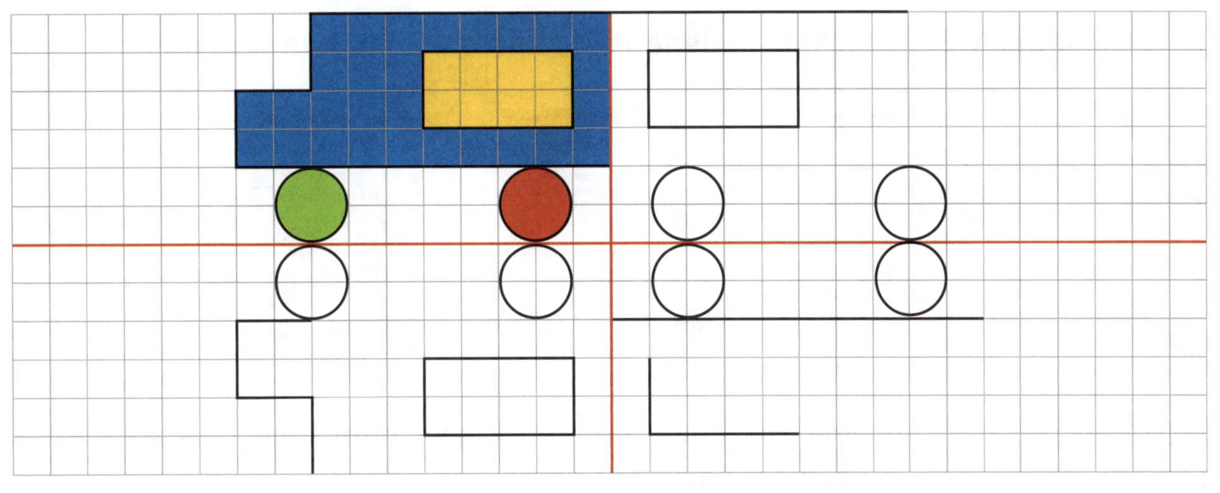

/ 2

**6** **Verbinde jeweils vier Punkte zu einem Quadrat. Finde möglichst viele Quadrate. Verwende ein Lineal.**

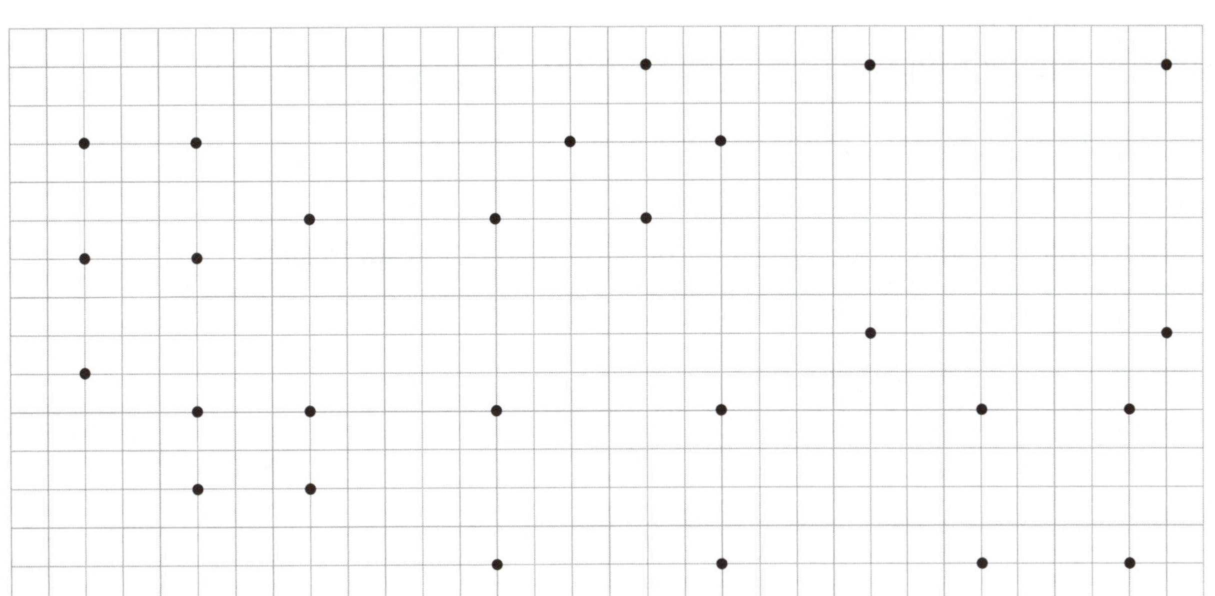

/ 4

**Von 21 Punkten hast du ______ erreicht.**

Lies dir am Ende immer alles noch einmal genau durch und überprüfe deine Ergebnisse. Vielleicht kannst du selbst noch etwas verbessern?

## 11. Sicher, möglich, unmöglich? Kombinatorik

**1 Auf einem Tisch liegen vier Säckchen, in denen rote und blaue Kugeln stecken.**

**a** Ohne hinzusehen, möchte Leni eine rote Kugel ziehen. Bei welchem Säckchen ist ihre Chance am größten? (Aus welchem Säckchen sollte sie ziehen?)

Lenis Chance ist beim Säckchen Nummer ________ am größten. ☐ / 1

**b** Jonas möchte eine blaue Kugel ziehen.
Warum sollte er aus dem Säckchen Nummer 2 eine Kugel nehmen? Kreuze an.

- ◯ Weil im Säckchen Nummer 2 mehr rote als blaue Kugeln sind.
- ◯ Weil im Säckchen Nummer 2 viele Kugeln sind.
- ◯ Weil in den anderen Säckchen immer mehr rote als blaue Kugeln sind. ☐ / 1

**c** Richtig oder falsch? Kreuze passend an.

| | richtig | falsch |
|---|---|---|
| Wenn du aus Säckchen Nummer 3 **eine Kugel** ziehst, ist sie **sicher** rot. | | |
| Wenn du aus Säckchen Nummer 4 **eine Kugel** ziehst, ist es **möglich**, dass sie blau ist. | | |
| Wenn du aus Säckchen Nummer 1 **vier Kugeln** herausnimmst, ist **sicher** eine blaue Kugel dabei. | | |
| Wenn du aus Säckchen Nummer 2 **eine Kugel** ziehst, ist es **unmöglich**, dass diese Kugel rot ist. | | |

☐ / 4

**d** Lars füllt ein Säckchen mit fünf Kugeln. Ohne hinzusehen, zieht Emma eine Kugel heraus.

Male die Kugeln so an, dass Emma **sicher** eine rote Kugel zieht.

☐ / 1

**2 Hanna hat für ihre Puppe neue Kleidung bekommen. Jetzt hat sie einen roten, einen blauen und einen gelben Pullover und eine rote und eine blaue Hose.**

**a** Male die Puppen mit **allen verschiedenen** Möglichkeiten an, wie Hanna sie anziehen könnte. Die Puppe soll jeweils einen Pullover und eine Hose angezogen bekommen. (Achtung: Es können Puppen übrig bleiben.)

/ 1

Hanna hat insgesamt _____ verschiedene Möglichkeiten. /0,5

**b** Wie viele verschiedene Möglichkeiten hat Hanna, wenn der Pullover und die Hose **verschiedene Farben** haben sollen?

Hanna hat _____ verschiedene Möglichkeiten. / 1

**3 Die Kinder spielen mit einem roten und einem blauen Würfel. Jeder würfelt einmal mit beiden Würfeln und zählt die Punkte der beiden Würfel zusammen. Überlege, wie viele Punkte ein normaler Spielwürfel auf jeder Fläche haben kann.**

**a** Marek hat insgesamt **7 Punkte** gewürfelt. Schreibe **alle Möglichkeiten** auf, **wie** er das Ergebnis gewürfelt haben könnte.

+

7 Punkte: 1 + 6, 2 + ___, ___ + ___, ___ + ___, ___ + ___, ___ + ___ / 1

**b** Chiara hat mit den 2 Würfeln insgesamt **5 Punkte** gewürfelt. Schreibe auch bei ihr **alle Möglichkeiten** auf, die sie gewürfelt haben könnte.

5 Punkte: ______________________________ / 1

**c** Pia würfelt mit **drei Würfeln**. Auch sie zählt **alle Punkte** zusammen. Was ist das kleinste und was ist das größte Ergebnis, das sie würfeln kann?

Das kleinste Ergebnis sind ___ + ___ + ___ = ___ Punkte.

Das größte Ergebnis sind ___ + ___ + ___ = ___ Punkte. / 2

**Von 13,5 Punkten hast du _____ erreicht.**

## 12. Einmaleins: Malnehmen

**1** **Wie viele Früchte sind es? Finde jeweils eine Plusaufgabe und eine Malaufgabe.**

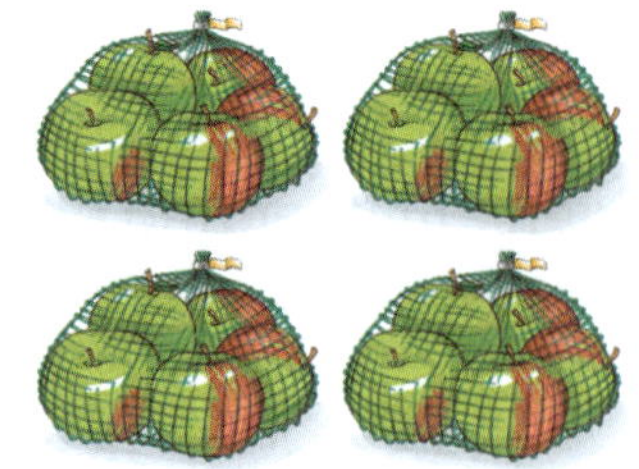

___ + ___ + ___ = ___

___ · ___ = ___

/ 3

**2** **Schreibe zu jeder Zeichnung zwei Malaufgaben (Aufgabe und Tauschaufgabe) und rechne sie aus. Mache zu den letzten Aufgaben jeweils selbst eine Zeichnung mit Kästchen. Rechne auch hier die Aufgaben aus.**

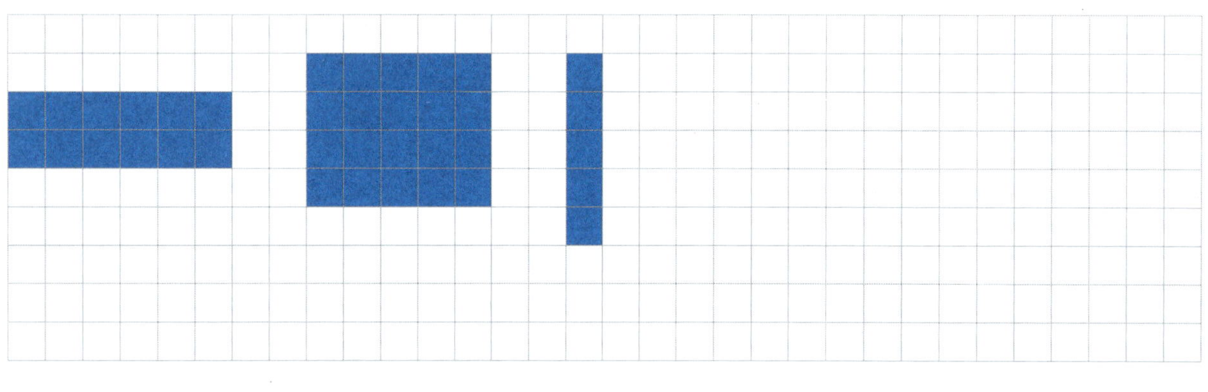

7 · 4 = ___ 3 · 3 = ___

/5

**3** **Diese Aufgaben kannst du sicher lösen.**

| | | | |
|---|---|---|---|
| 2 · 5 = ___ | 10 · 2 = ___ | 10 · 3 = ___ | 1 · 4 = ___ |
| 5 · 5 = ___ | 2 · 2 = ___ | 2 · 3 = ___ | 2 · 4 = ___ |
| 6 · 5 = ___ | 7 · 2 = ___ | 0 · 3 = ___ | 5 · 4 = ___ |

/ 6

**4** **Berechne Nachbaraufgaben.**

| | | | |
|---|---|---|---|
| 3 · 3 = ___ | 10 · 4 = ___ | 5 · 6 = ___ | 10 · 7 = ___ |
| 4 · 3 = ___ | 9 · 4 = ___ | 4 · 6 = ___ | 9 · 7 = ___ |
| 5 · 3 = ___ | 8 · 4 = ___ | 3 · 6 = ___ | 8 · 7 = ___ |
| 6 · 3 = ___ | 7 · 4 = ___ | 2 · 6 = ___ | 7 · 7 = ___ |

/ 8

## Sachaufgaben: Tiere

**5** Tierische Weitsprünge

**a** Ein **Wildschwein** kann jeweils **4 Meter** weit springen. Zeichne seine Sprünge ein.

0 1 2 3 4 5 6 7 8 9 10 11 12 13 14 15 16 17 18 19 20 21 22 23 24 25 26 27 28 29

☐ / 1

**b** Ein **Frosch** springt **2 Meter** weit. Ein **Tiger** springt **5 Meter** weit.
Wie weit schaffen es **Wildschwein**, **Frosch** und **Tiger** mit jeweils **5 Sprüngen**?

Rechne:

Wildschwein:

Frosch:

Tiger:

☐ / 3

Antworte: Mit 5 Sprüngen schafft ein **Wildschwein** _____ Meter.

Mit 5 Sprüngen schafft ein **Frosch** _____ Meter.

Mit 5 Sprüngen schafft ein **Tiger** _____ Meter.

☐ /1,5

**c** Wer schafft es weiter: ein **Tiger** mit 4 Sprüngen oder ein **Frosch** mit 9 Sprüngen?

Rechne:

☐ / 2

Wer schafft es weiter?
Kreise das passende Tier ein: Tiger Frosch

☐ /0,5

**6** Niklas füttert morgens und abends seine Meerschweinchen.
▸ Wie oft füttert er die Meerschweinchen in einer Woche?

Rechne: ______________________________

☐ / 2

Antworte: In einer Woche füttert Niklas seine Meerschweinchen _____-mal.

☐ /0,5

Kontrolliere deine Ergebnisse immer genau mit dem Lösungsteil. Zähle deine Punkte zusammen.

Lösungen

**Von 32,5 Punkten hast du _____ erreicht.**

# 13. Einmaleins: Teilen

**1** **Immer 4 Birnen passen in eine Packung.**
**Kreise ein und schreibe eine passende Divisionsaufgabe (Geteiltaufgabe) dazu.**

Rechne: ____________ / 1

Antworte: ____ Packungen können gefüllt werden. / 1 /0,5

**2** **Immer 3 Äpfel sind in einem Netz. Kreise ein und schreibe auch hier eine passende Divisionsaufgabe (Geteiltaufgabe) dazu.**

Rechne: ____________ / 1

Antworte: Ich erhalte ____ Netze mit jeweils drei Äpfeln. / 1 /0,5

**3** **Rechne.**

| | | | |
|---|---|---|---|
| 10 : 2 = ____ | 45 : 5 = ____ | 0 : 5 = ____ | 16 : 2 = ____ |
| 18 : 2 = ____ | 40 : 5 = ____ | 30 : 5 = ____ | 35 : 5 = ____ |
| 14 : 2 = ____ | 80 : 10 = ____ | 30 : 10 = ____ | 40 : 10 = ____ |

/ 6

**4** **Bilde aus den drei Zahlen zwei Malaufgaben und zwei Geteiltaufgaben.**

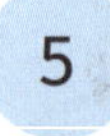



____ · ____ = ____    ____ : ____ = ____

____ · ____ = ____    ____ : ____ = ____

/ 2

**5** **Welche der Zahlen sind nicht durch 5 teilbar? Streiche sie durch.**

15 28 35 20 9 50 10 25 35 42

/ 3

# Tests in Mathe

## Lernzielkontrollen 2. Klasse

Lösungen und Mathe-Spaß-Seiten

Dieser Lösungsteil ist herausnehmbar!
Klammern in der Mitte des Heftes öffnen!

# 1. Rechnen bis 20

**1**

| | | | | |
|---|---|---|---|---|
| | 7 + 6 = 13 | 5 + 9 = 14 | 9 + 7 = 16 | 2 + 11 = 13 |
| **oder:** | 7 + 3 + 3 = 13 | 5 + 5 + 4 = 14 | 9 + 1 + 6 = 16 | 2 + 8 + 3 = 13 |

**2**

jede Zahl = 1/2 P

**3**

4 + 5 = 9 — 14 + 5 = 19
7 + 3 = 10 — 17 + 3 = 20
6 + 2 = 8 — 16 + 2 = 18
1 + 8 = 9 — 11 + 8 = 19

8 – 3 = 5 — 17 – 5 = 12
7 – 5 = 2 — 19 – 8 = 11
9 – 8 = 1 — 18 – 3 = 15
9 – 5 = 4 — 19 – 5 = 14

| | | | |
|---|---|---|---|
| 4 + 5 = 9 | 16 + 2 = 18 | 8 – 3 = 5 | 19 – 5 = 14 |
| 7 + 3 = 10 | 17 + 3 = 20 | 7 – 5 = 2 | 19 – 8 = 11 |
| 6 + 2 = 8 | 11 + 8 = 19 | 9 – 8 = 1 | 18 – 3 = 15 |
| 1 + 8 = 9 | 14 + 5 = 19 | 9 – 5 = 4 | 17 – 5 = 12 |

jedes Ergebnis und jede Linie = 1/2 P

**4**

| | | |
|---|---|---|
| 9 + 5 = 14 | 8 + 7 = 15 | 6 + 8 = 14 |
| 9 + 1 + 4 = 14 | 8 + 2 + 5 = 15 | 6 + 4 + 4 = 14 |
| 13 – 4 = 9 | 16 – 9 = 7 | 12 – 7 = 5 |
| 13 – 3 – 1 = 9 | 16 – 6 – 3 = 7 | 12 – 2 – 5 = 5 |

Auch andere Rechenwege sind möglich:

Beispiele: 8 + 7 = 8 + 8 – 1 = 15 16 – 9 = 16 – 10 + 1 = 7
6 + 8 = 8 + 6 = 14 12 – 7 = 12 – 6 – 1 = 5

**5** **6**

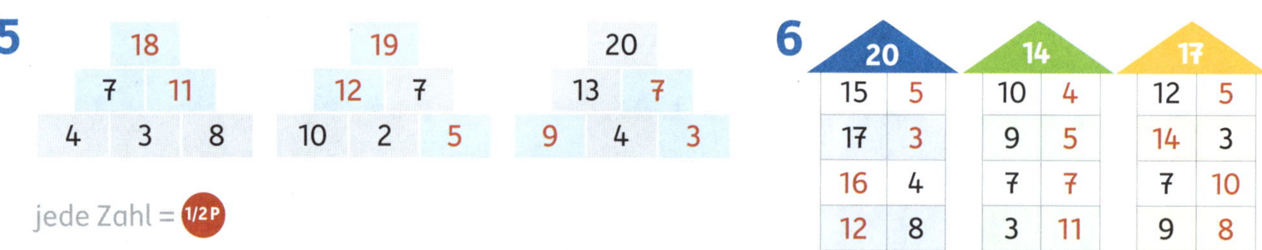


jede Zahl = 1/2 P

**7**

7 + 9 = 16 16 – 9 = 7
9 + 7 = 16 16 – 7 = 9

Rechne die Tauschaufgaben und die Umkehraufgaben.

**8**

| Mara | Justus | Lea | Nora |
|---|---|---|---|
| 9 Jahre | 6 Jahre | 12 Jahre | 7 Jahre |
| neun | 9 – 3 = 6 | 6 + 6 = 12 | 9 = ? + 2 |
| | | | 9 = 7 + 2 |

| **Punkte** | **44,5-41,5** | **41-36** | **35,5-29** | **28,5-22** | **21,5-13** | **12,5-0** |
|---|---|---|---|---|---|---|
| **Note** | **1** | **2** | **3** | **4** | **5** | **6** |

# 2. Rechnen bis 20



**1**

| + | 4 | 5 | 9 | 8 |
|---|---|---|---|---|
| 6 | 10 | 11 | 15 | 14 |
| 9 | 13 | 14 | 18 | 17 |

| − | 3 | 5 | 8 | 10 |
|---|---|---|---|---|
| 19 | 16 | 14 | 11 | 9 |
| 14 | 11 | 9 | 6 | 4 |

**2**
3 + 3 = 6
7 + 7 = 14
4 + 4 = 8
5 + 5 = 10
8 + 8 = 16
9 + 9 = 18
10 + 10 = 20
6 + 6 = 12

**3**
9 + 2 = 11
9 + 4 = 13
9 + 6 = 15
12 − 3 = 9
12 − 5 = 7
12 − 7 = 5
14 − 5 = 9
5 + 8 = 13
17 − 9 = 8
7 + 6 = 13
11 − 9 = 2
4 + 8 = 12

**4**

| 8 + 3 = 11 | 4 + 7 = 11 | 6 + 8 = 14 | 8 + 9 = 17 |
|---|---|---|---|
| 14 − 8 = 6 | 17 − 9 = 8 | 11 − 3 = 8 | 11 − 7 = 4 |

jedes Ergebnis und jede Linie = 1/2 P

**5**

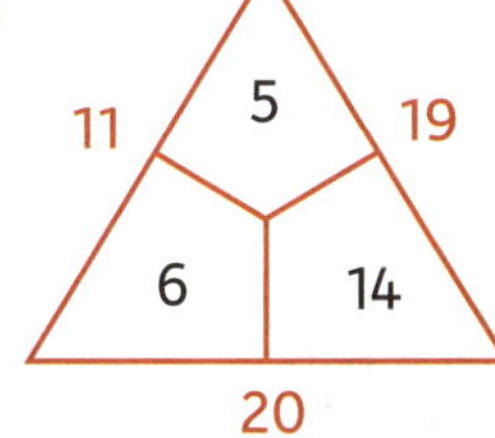


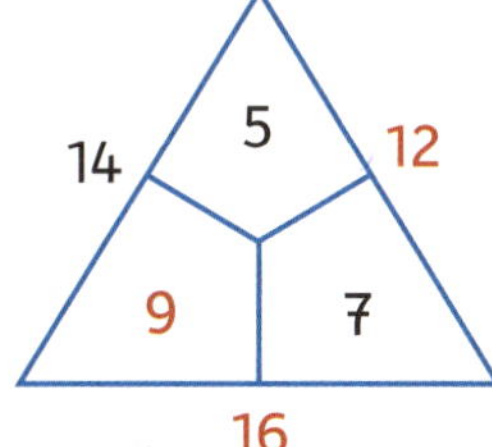


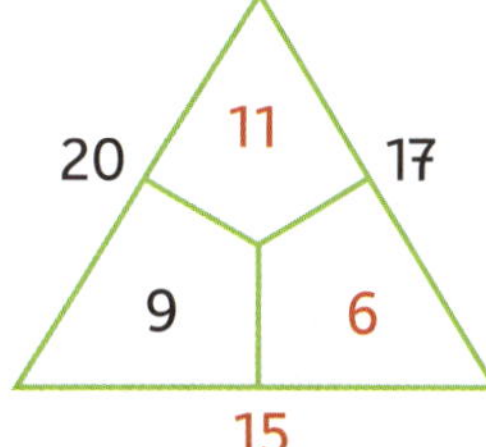


**6** Rechne: Ben: 8 + 8 = 16 Leo: 16 − 7 = 9
Antworte: Tim hat 8 Kastanien, Ben hat 16 Kastanien,
Leo hat 9 Kastanien, Marie hat keine = 0 Kastanien.

**7a** Rechne: 4 (rote Blätter) + 9 (gelbe Blätter) + 5 (braune Blätter) = 18 (Blätter)
Antworte: Jule hat insgesamt 18 Blätter gesammelt.

**b** Rechne: 18 (Blätter insgesamt) − 6 (Blätter für das Bild) = 12 (Blätter übrig)
Antworte: Jule bleiben noch 12 Blätter übrig.

| **Punkte** | **33,5-31** | **30,5-26** | **25,5-21** | **20,5-16,5** | **16-10** | **9,5-0** |
|---|---|---|---|---|---|---|
| **Note** | **1** | **2** | **3** | **4** | **5** | **6** |

# 3. Rechnen bis 20

**1**

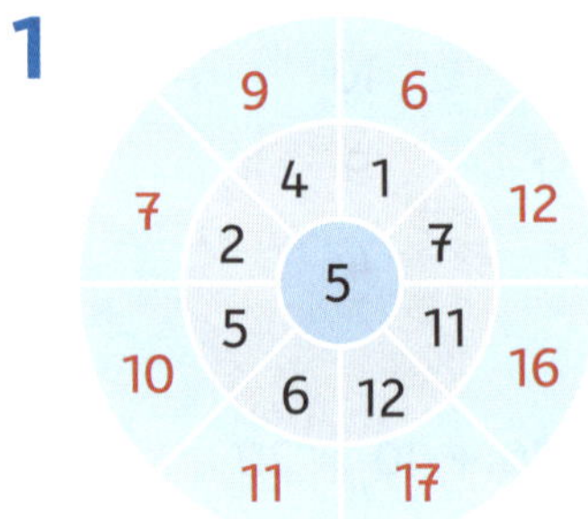


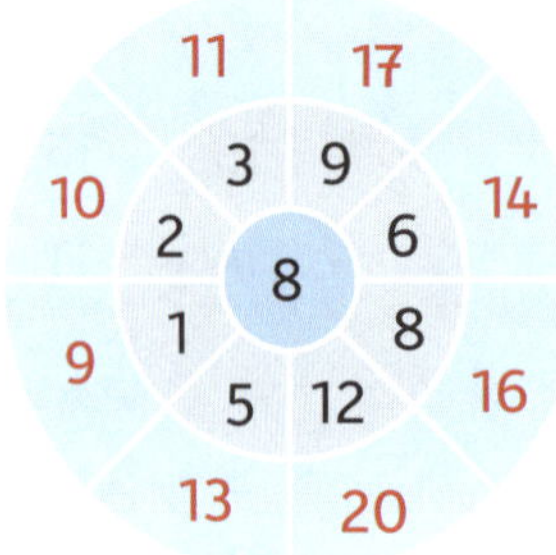


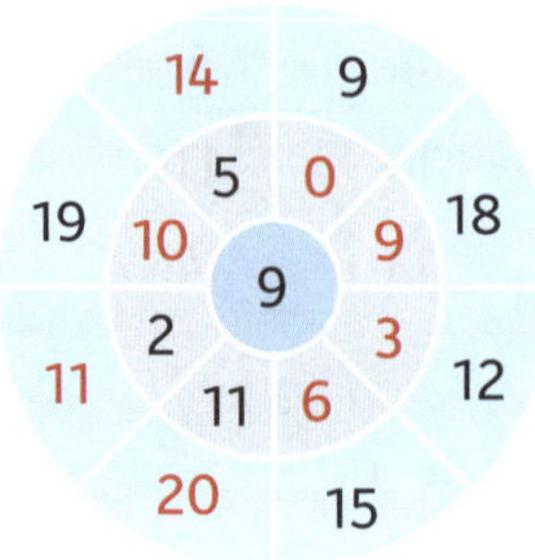


**2a** 2 → 4 → 6 → 8 → 10 → 12 → 14

**b** 4 → 8 → 12 → 16 → 20

**c** 3 → 6 → 9 → 12 → 15

**d** 20 → 18 → 16 → 14 → 12

**3**

**4**

14 + 1 (=) 13 + 2 — 15, 15

19 – 7 (<) 16 – 3 — 12, 13

15 + 4 (>) 18 – 2 — 19, 16

20 – 9 (=) 8 + 3 — 11, 11

7 + 8 (<) 4 + 12 — 15, 16

19 – 14 (>) 16 – 13 — 5, 3

**5**

? + 8 = 20
12 + 8 = 20
**oder**: 20 – 8 = 12

6 + 8 = 14
(größer als = +)

? – 3 – 4 = 6
13 – 3 – 4 = 6
**oder**: 6 + 4 + 3 = 13

**6**

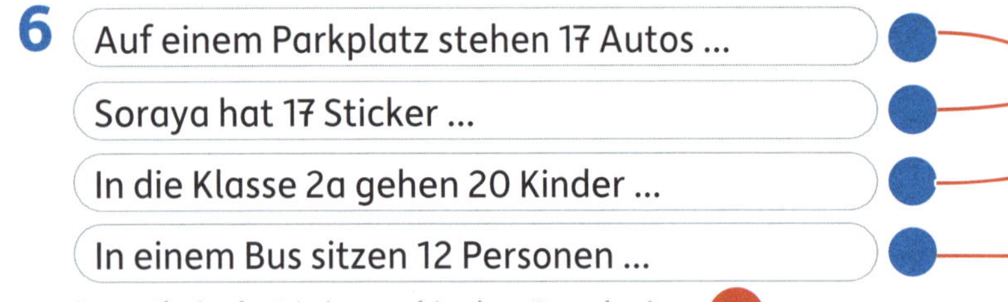


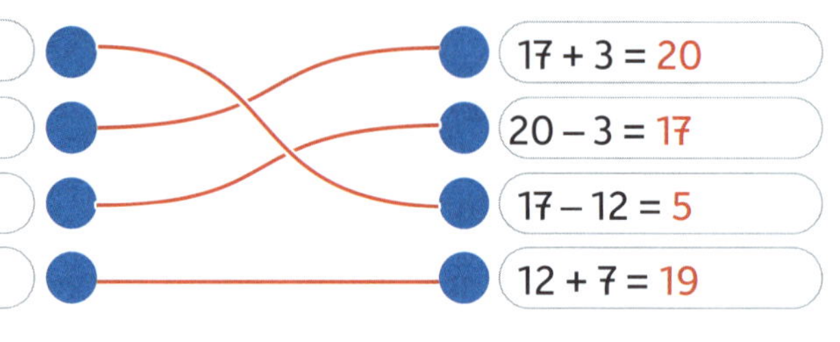


jeweils jede Linie und jedes Ergebnis = 1/2 P

**7** ☒ Wie viele Jungen aus der Klasse 2b hat Sarah eingeladen?

Rechne: 11 (Kinder) – 5 (Mädchen) = 6 (Jungen)

**8** Rechne: 6 € + 6 € = 12 € 12 € + 5 € = 17 € **oder**: 6 € + 6 € + 5 € = 17 €

Antworte: Er muss 17 € bezahlen.

| **Punkte** | 37-34,5 | 34-29 | 28,5-24 | 23,5-18,5 | 18-11 | 10,5-0 |
|---|---|---|---|---|---|---|
| **Note** | 1 | 2 | 3 | 4 | 5 | 6 |

# 4. Zahlen bis 100

**1a** 34 62 59 80 29 45

**b** siebenundzwanzig: 27 neunzehn: 19 4Z 0E: 40
dreiundneunzig: 93 fünfundfünfzig: 55 7Z 5E: 75

**2**

| | | | |
|---|---|---|---|
| 55 (<) 65 | 87 (>) 78 | 100 (=) 100 | 81 = 8Z 1E (<) 8Z 8E = 88 |
| 46 (>) 45 | 29 (<) 31 | 13 (<) 30 | 95 = 5E 9Z (=) 9Z 5E = 95 |

**3** kleinste Zahl: 10 größte Zahl: 98

Die kleinste zweistellige Zahl hat eine möglichst kleine Ziffer an der Zehnerstelle, aber mindestens eine 1. Auch an der Einerstelle sollte die Ziffer so klein wie möglich sein, also 0.

Die größte zweistellige Zahl hat die größte Ziffer an der Zehnerstelle, also 9, und die zweitgrößte Ziffer an der Einerstelle, also 8.

**4**

73 17

**5** 10er-Schritte: 13 → 23 → 33 → 43 → 53
5er-Schritte: 15 → 20 → 25 → 30 → 35

**6**

| | | | | | | | | | |
|---|---|---|---|---|---|---|---|---|---|
| 1 | | 3 | | 5 | | 7 | | 9 | 10 |
| | | | 14 | | | | | | |
| 21 | | 23 | | | | | 28 | | 30 |
| | | 33 | | | | | | | |
| 41 | | | | 45 | | | | | 50 |
| | | | 54 | | 56 | | | | |
| 61 | | | | | | 67 | | | 70 |
| 71 | 72 | 73 | 74 | 75 | 76 | 77 | 78 | 79 | |
| 81 | | | | | | | | 89 | 90 |
| | 92 | | 94 | | 96 | | 98 | | 100 |

Ziehe dir für jede fehlende oder falsche Zahl 1/2 P ab.

**7**

50 [60] 70

30 [35] 40

87 [89] 91
+ 2 − 2

**8**

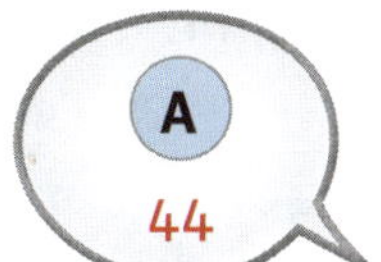


B 76

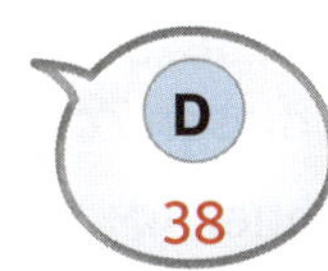


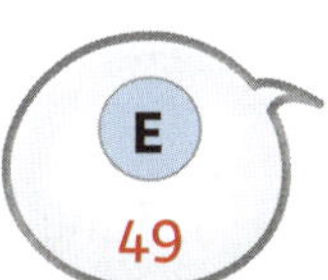


| Punkte | 30-27,5 | 27-24 | 23,5-19,5 | 19-15 | 14,5-9 | 8,5-0 |
|---|---|---|---|---|---|---|
| Note | 1 | 2 | 3 | 4 | 5 | 6 |

# 5. Zahlen und einfaches Rechnen bis 100

**1a** 31 55 68 86

**b**

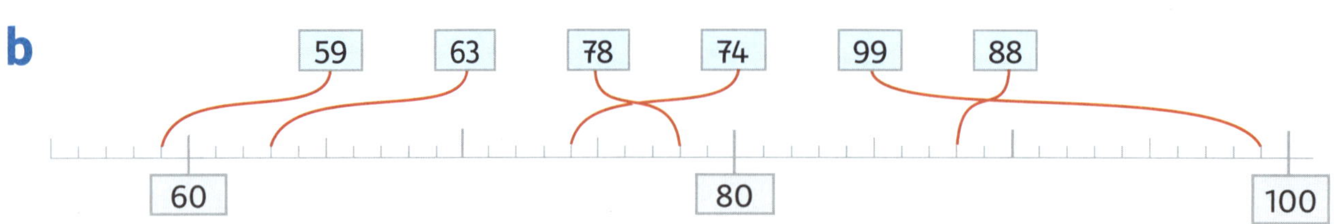


**2**

| Vorgänger | Zahl | Nachfolger |
|---|---|---|
| 16 | 17 | 18 |
| 49 | 50 | 51 |
| 28 | 29 | 30 |

| kleiner NZ | Zahl | großer NZ |
|---|---|---|
| 40 | 45 | 50 |
| 60 | 61 | 70 |
| 90 | 96 | 100 |

**3**
28 = 20 + 8 75 = 70 + 5 96 = 90 + 6
54 = 50 + 4 41 = 40 + 1 70 = 70 + 0

**4**

**5**
30 + 6 = 36 30 + 60 = 90 70 – 60 = 10 63 – 10 = 53
50 + 4 = 54 50 + 20 = 70 40 – 20 = 20 93 – 10 = 83
7 + 70 = 77 10 + 70 = 80 100 – 40 = 60 43 – 10 = 33

**6**

38
6 32
4 2 30

100
60 40
56 4 36

100
20 80
17 3 77

**7**
15 + 5 = 20 72 + 8 = 80
29 + 1 = 30 53 + 7 = 60
44 + 6 = 50 88 + 2 = 90

**8a** 65 < 66
1. Zahl: 65 kleiner als bedeutet: Rechne minus! 70 – 5 = 65
2. Zahl: 66 Diese Zahlen liegen zwischen 55 und 75:
56, 57, 58, 59, 60, 61, 62, 63, 64, 65, 66, 67, 68, 69, 70, 71, 72, 73, 74.
Von diesen Zahlen hat nur die Zahl 66 zwei gleiche Ziffern.

**b** 48 = 48
1. Zahl: 48 4 Zehner, 4 + 4 = 8 Einer
2. Zahl: 48 48 ↶ 49

| **Punkte** | **37-34,5** | **34-29** | **28,5-24** | **23,5-18,5** | **18-11** | **10,5-0** |
|---|---|---|---|---|---|---|
| **Note** | **1** | **2** | **3** | **4** | **5** | **6** |

# 6. Rechnen bis 100



**1**

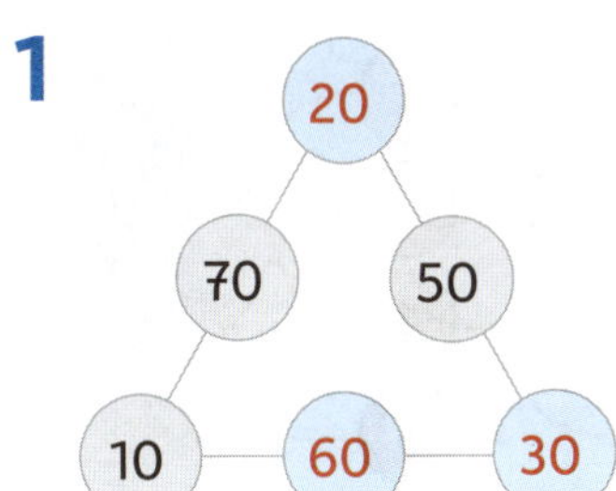


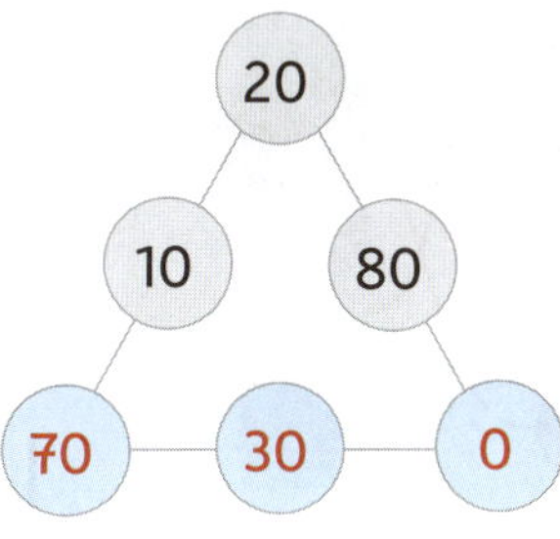


**2**

| + | 3 | 1 | 5 | 7 |
|---|---|---|---|---|
| 62 | 65 | 63 | 67 | 69 |
| 33 | 36 | 34 | 38 | 40 |

| – | 3 | 5 | 8 | 6 |
|---|---|---|---|---|
| 99 | 96 | 94 | 91 | 93 |
| 50 | 47 | 45 | 42 | 44 |

**3**

44 + 2 = 46
32 + 6 = 38
75 – 4 = 71

47 – 5 = 42
66 + 4 = 70
55 – 3 = 52

69 – 1 = 68
42 + 7 = 49
38 – 8 = 30

97 – 6 = 91
100 – 2 = 98
41 + 8 = 49

**4a** 48 → 51 → 54 → 57 → 60

**b** 88 → 86 → 84 → 82 → 80

**5** 80 → –20 → 60 → –8 → 52 → +40 → 92 → +7 → 99

**6a** 32 + 6 = 38 Die Zahl heißt: 38.

**b** ? – 7 = 43; 43 + 7 = 50 Die Zahl heißt: 50.

jede Rechnung = 1 P, jedes Ergebnis = 1/2 P

**7** Rechne: 7 + 22 = 29 **oder**: 22 + 7 = 29

Antworte: Auf dem Schlittenhügel sind jetzt insgesamt 29 Kinder.

**8** Rechne: 7 + 6 + 5 + 4 + 3 + 2 + 1 = 28

Zeichne:

Antworte: Die Kinder haben 28 Kugeln verbaut.

**9** Rechne:

Josip: 32 + 8 (Kugeln mehr) = 40 1 P

Pablo: 32 – 10 (Kugeln weniger) = 22 1 P

Antworte: Marco hat 32 Schneebälle, Josip hat 40 Schneebälle, Pablo hat 22 Schneebälle.

| **Punkte** | **30,5-28** | **27,5-24** | **23,5-19,5** | **19-15** | **14,5-9** | **8,5-0** |
|---|---|---|---|---|---|---|
| **Note** | **1** | **2** | **3** | **4** | **5** | **6** |

# 7. Rechnen bis 100

**1**

76 + 6 = 82
oder: 76 + 4 + 2 = 82

59 + 3 = 62
oder: 59 + 1 + 2 = 62

63 + 8 = 71
oder: 63 + 7 + 1 = 71

**2a**

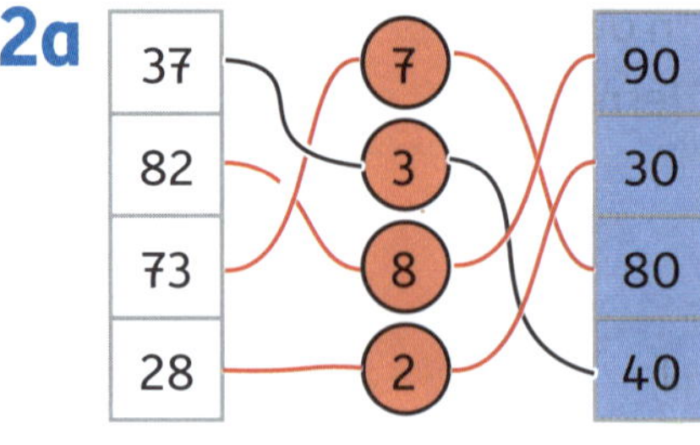


**b**

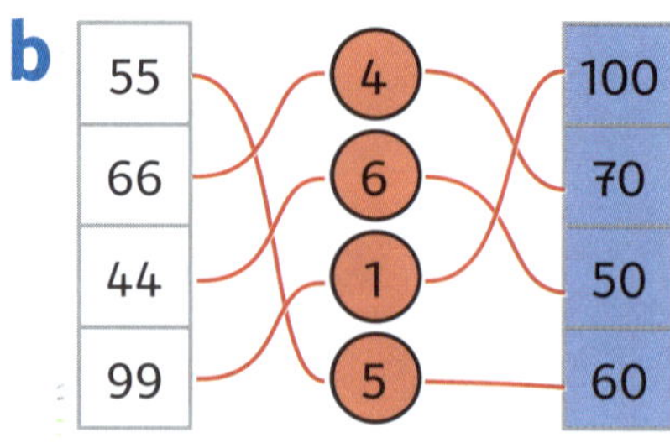


**3**

48 + 5 = 53
48 + 2 + 3 = 53

66 − 7 = 59
66 − 6 − 1 = 59

42 + 9 = 51
42 + 8 + 1 = 51

75 − 8 = 67
75 − 5 − 3 = 67

24 + 8 = 32
24 + 6 + 2 = 32

31 − 6 = 25
31 − 1 − 5 = 25

**4**

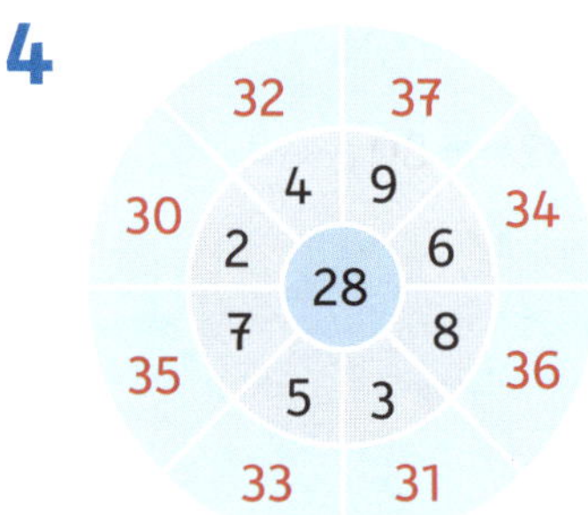


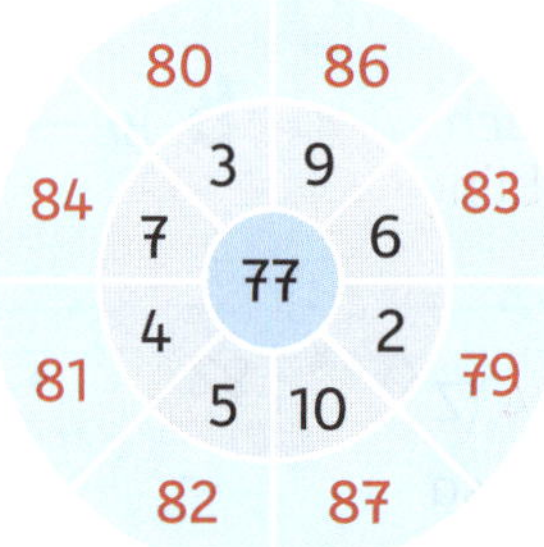


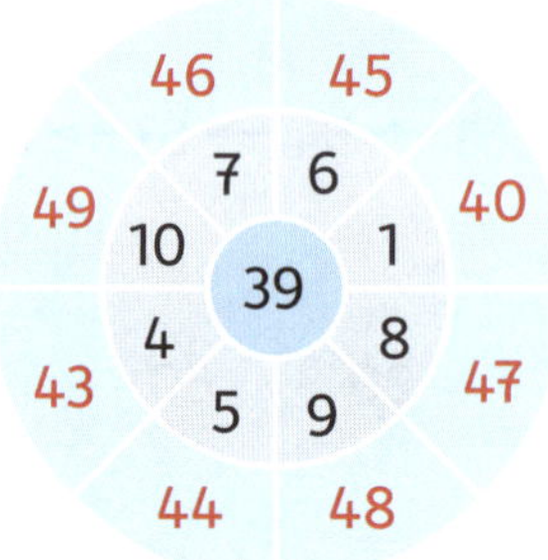


**5**

88 + 5 = 93
88 + 7 = 95
88 + 9 = 97

28 + 4 = 32
25 + 7 = 32
23 + 9 = 32

61 − 2 = 59
61 − 6 = 55
61 − 10 = 51

53 − 7 = 46
51 − 5 = 46
54 − 8 = 46

**6**

| | | | | |
|---|---|---|---|---|
| 20 | + | 7 | = | 27 |
| 20 | + | 20 | = | 40 |
| 34 | − | 7 | = | 27 |

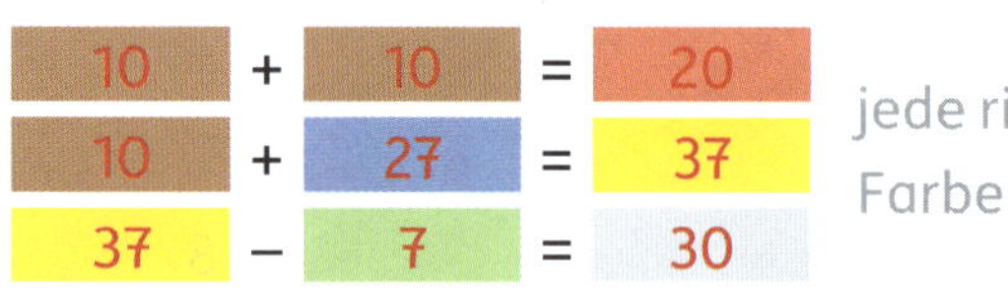


jede richtige Farbe = 1/2 P

**7**

78 + 5 = 83 ✓
76 + 7 = ~~85~~ (83)
78 + 9 = 87 ✓

27 + 5 = ~~23~~ (32)
38 + 6 = ~~32~~ (44)
25 + 7 = 32 ✓

60 − 8 = ~~51~~ (52)
90 − 9 = 81 ✓
40 − 7 = ~~37~~ (33)

44 − 3 = ~~31~~ (41)
54 − 5 = 49 ✓
84 − 8 = 76 ✓

**8**

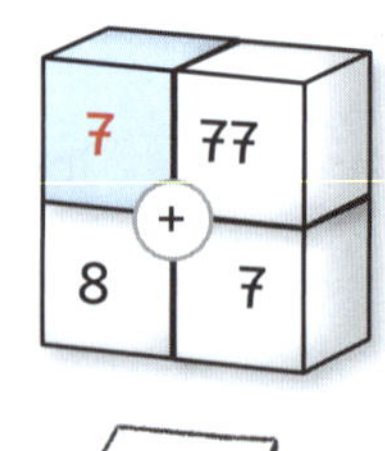


| Punkte | 44,5-41,5 | 41-36 | 35,5-29 | 28,5-22 | 21,5-13 | 12,5-0 |
|---|---|---|---|---|---|---|
| Note | 1 | 2 | 3 | 4 | 5 | 6 |

# 8. Informationen entnehmen: Diagramme und Tabellen



**1a** Sport wird von den meisten Kindern als Lieblingsfach genannt.
Deutsch wird von den wenigsten Kindern als Lieblingsfach genannt.

**b**

| | richtig | falsch |
|---|---|---|
| Drei Kinder haben Mathe als Lieblingsfach. (Richtig: Im Diagramm sind 3 Kästchen angemalt.) | ✗ | |
| Musik und Kunst werden gleich oft als Lieblingsfach genannt. (Falsch: Musik wird 2-mal und Kunst wird 3-mal genannt.) | | ✗ |
| Deutsch gibt kein Kind als Lieblingsfach an. (Falsch: Ein Kind hat Deutsch als Lieblingsfach.) | | ✗ |
| Sachunterricht wird von weniger Kindern als Lieblingsfach genannt als Sport. (Richtig: Sport wird von 8 Kindern als Lieblingsfach genannt, Sachunterricht nur von 4 Kindern.) | ✗ | |
| Religion/Ethik ist beliebter als Kunst. (Falsch: Beide Fächer nennen 3 Kinder.) | | ✗ |
| Sport geben sieben Kinder als Lieblingsfach an. (Falsch: Sport wird von 8 Kindern als Lieblingsfach genannt.) | | ✗ |

**c** Rechne: 3 + 1 + 4 + 2 + 3 + 8 + 3 = 24 (Zähle alle farbigen Kästchen zusammen.)
Antworte: In die Klasse 2d gehen insgesamt 24 Kinder.

**2a**

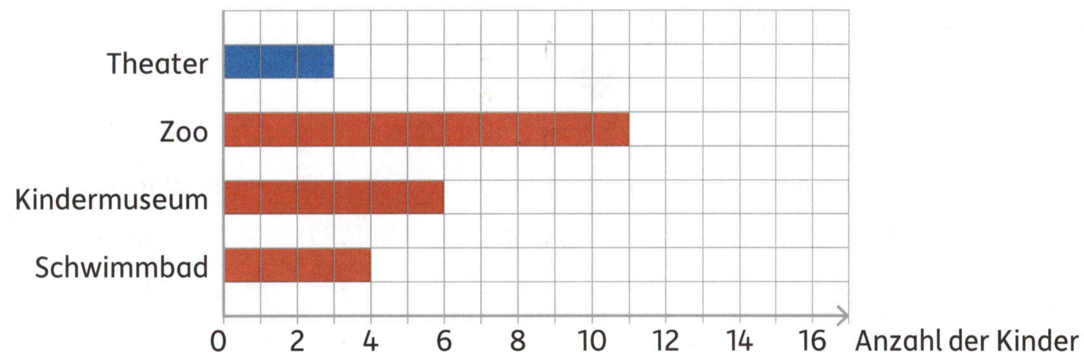


**b** Die Klasse 2d entscheidet sich für den Zoo, weil dies die meisten Kinder wollen.

**3a**

| | Klasse 2a | Klasse 2b | Klasse 2c |
|---|---|---|---|
| Mädchen | 12 | 14 | 11 |
| Jungen | 10 | 7 | 11 |
| Kinder insgesamt | 22 | 21 | 22 |

**b** Rechne: 12 + 14 + 11 = 37 (Zähle die Zahlen in der roten Zeile zusammen.)
Antworte: In den drei Klassen zusammen gibt es 37 Mädchen.

| **Punkte** | **25-23** | **22,5-20** | **19,5-16** | **15,5-12,5** | **12-7,5** | **7-0** |
|---|---|---|---|---|---|---|
| **Note** | **1** | **2** | **3** | **4** | **5** | **6** |

Lösungen

# 9. Flächenformen, Körperformen und Ansichten

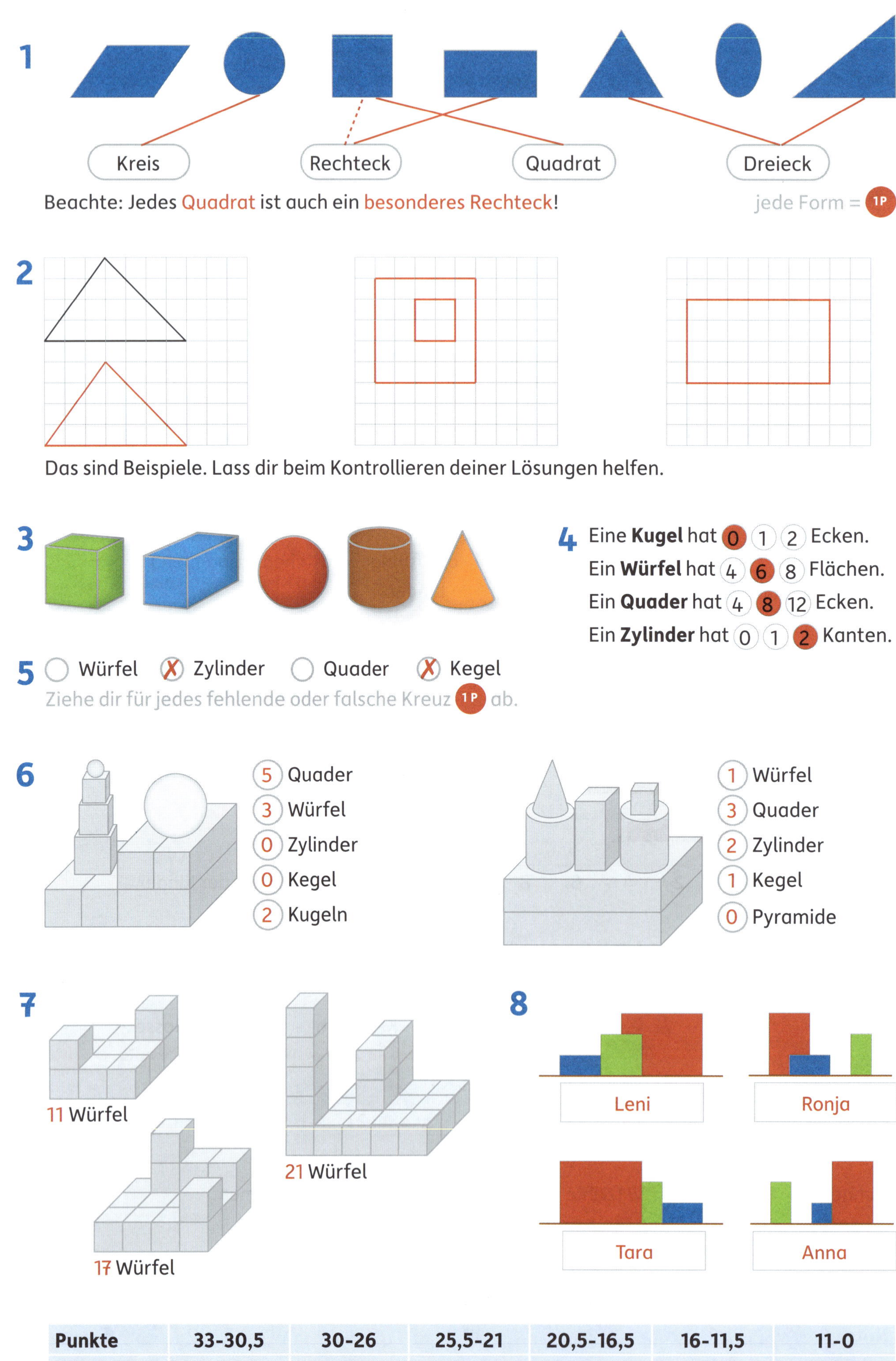


| Punkte | 33-30,5 | 30-26 | 25,5-21 | 20,5-16,5 | 16-11,5 | 11-0 |
|---|---|---|---|---|---|---|
| Note | 1 | 2 | 3 | 4 | 5 | 6 |

# 10. Muster, Achsensymmetrie und Flächenformen

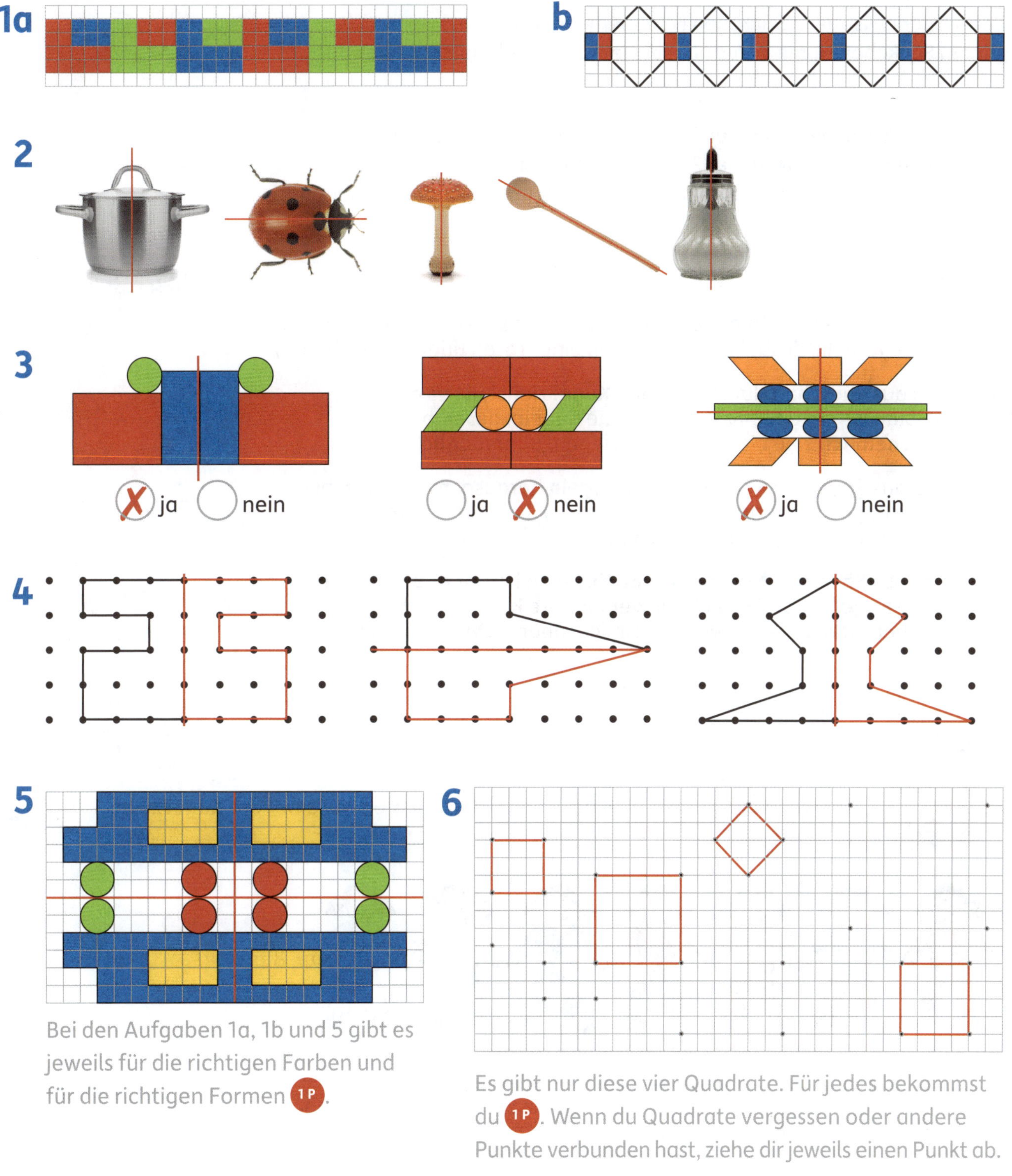


Bei den Aufgaben 1a, 1b und 5 gibt es jeweils für die richtigen Farben und für die richtigen Formen 1 P.

Es gibt nur diese vier Quadrate. Für jedes bekommst du 1 P. Wenn du Quadrate vergessen oder andere Punkte verbunden hast, ziehe dir jeweils einen Punkt ab.

| Punkte | 21-19 | 18,5-16,5 | 16-13,5 | 13-10,5 | 10-6 | 5,5-0 |
|---|---|---|---|---|---|---|
| Note | 1 | 2 | 3 | 4 | 5 | 6 |

# 11. Sicher, möglich, unmöglich? Kombinatorik

**1a** Lenis Chance ist beim Säckchen Nummer 4 am größten.
(Nur in Säckchen Nummer 4 sind viel mehr rote als blaue Kugeln.)

**b**
- ◯ Weil im Säckchen Nummer 2 mehr rote als blaue Kugeln sind.
- ◯ Weil im Säckchen Nummer 2 viele Kugeln sind.
- ✗ Weil in den anderen Säckchen immer mehr rote als blaue Kugeln sind.

**c**

| | richtig | falsch |
|---|---|---|
| Wenn du aus Säckchen Nummer 3 **eine Kugel** ziehst, ist sie **sicher** rot. (Es gibt auch blaue Kugeln, deshalb ist das Ziehen einer roten Kugel **nicht sicher**.) | | ✗ |
| Wenn du aus Säckchen Nummer 4 **eine Kugel** ziehst, ist es **möglich**, dass sie blau ist. (Es gibt nur wenige blaue Kugeln, deshalb ist es **unwahrscheinlich** eine blaue Kugel zu ziehen, aber **möglich**.) | ✗ | |
| Wenn du aus Säckchen Nummer 1 **vier Kugeln** herausnimmst, ist **sicher** eine blaue Kugel dabei. (Im Säckchen Nummer 1 gibt es drei rote Kugeln, deshalb ist spätestens die 4. Kugel **sicher** eine blaue Kugel.) | ✗ | |
| Wenn du aus Säckchen Nummer 2 **eine Kugel** ziehst, ist es **unmöglich**, dass diese Kugel rot ist. (Es gibt nur wenige rote Kugeln, deshalb ist das Ziehen einer roten Kugel unwahrscheinlich, aber **nicht unmöglich**.) | | ✗ |

**d**

Nur wenn alle Kugeln rot sind, ist es sicher, dass Emma eine rote Kugel zieht.

**2a**

Hanna hat insgesamt 6 verschiedene Möglichkeiten.

**b** Hanna hat 4 verschiedene Möglichkeiten.
(Die Möglichkeiten rote Hose + roter Pullover und blaue Hose + blauer Pullover passen nicht.)

**3a** 7 Punkte: 1 + 6, 2 + 5, 3 + 4, 4 + 3, 5 + 2, 6 + 1

**b** 5 Punkte: 1 + 4, 2 + 3, 3 + 2, 4 + 1

**c** Das kleinste Ergebnis sind 1 + 1 + 1 = 3 Punkte.
Das größte Ergebnis sind 6 + 6 + 6 = 18 Punkte.

| Punkte | 13,5-12 | 11,5-10 | 9,5-8 | 7,5-6 | 5,5-4 | 3,5-0 |
|---|---|---|---|---|---|---|
| Note | 1 | 2 | 3 | 4 | 5 | 6 |

# 12. Einmaleins: Malnehmen



**1** 2 + 2 + 2 = 6 | 5 + 5 + 5 + 5 = 20 | 3 + 3 + 3 + 3 + 3 + 3 = 18

3 · 2 = 6 | 4 · 5 = 20 | 6 · 3 = 18

**2**

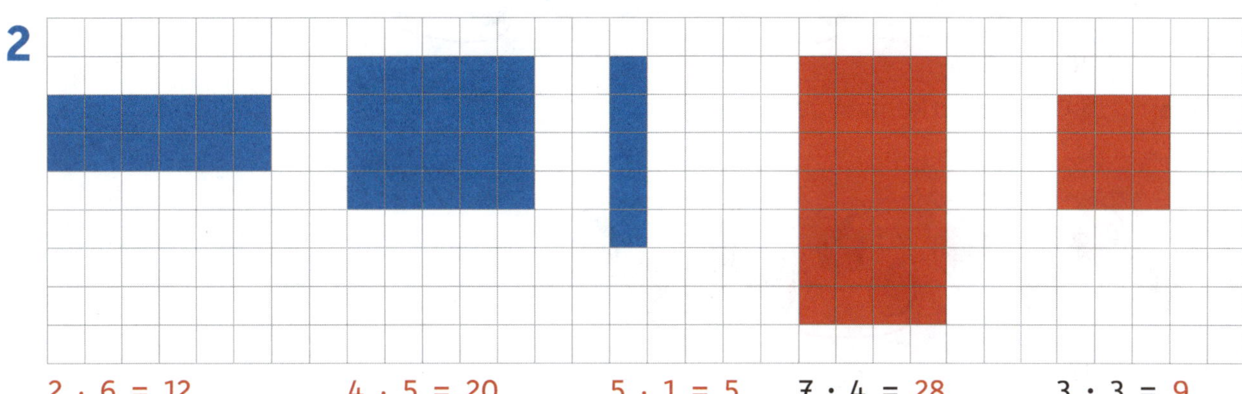

2 · 6 = 12 | 4 · 5 = 20 | 5 · 1 = 5 | 7 · 4 = 28 | 3 · 3 = 9

6 · 2 = 12 | 5 · 4 = 20 | 1 · 5 = 5 | jede Zeichnung + jede Rechnung = 1/2 P

**3**

| | | | |
|---|---|---|---|
| 2 · 5 = 10 | 10 · 2 = 20 | 10 · 3 = 30 | 1 · 4 = 4 |
| 5 · 5 = 25 | 2 · 2 = 4 | 2 · 3 = 6 | 2 · 4 = 8 |
| 6 · 5 = 30 | 7 · 2 = 14 | 0 · 3 = 0 | 5 · 4 = 20 |

**4**

| | | | |
|---|---|---|---|
| 3 · 3 = 9 | 10 · 4 = 40 | 5 · 6 = 30 | 10 · 7 = 70 |
| 4 · 3 = 12 | 9 · 4 = 36 | 4 · 6 = 24 | 9 · 7 = 63 |
| 5 · 3 = 15 | 8 · 4 = 32 | 3 · 6 = 18 | 8 · 7 = 56 |
| 6 · 3 = 18 | 7 · 4 = 28 | 2 · 6 = 12 | 7 · 7 = 49 |

**5a**

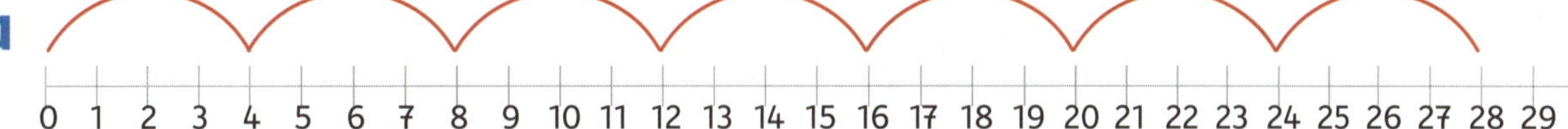


**b** Rechne und Antworte:

Wildschwein: 5 · 4 m = 20 m Mit 5 Sprüngen schafft ein **Wildschwein** 20 Meter.

Frosch: 5 · 2 m = 10 m Mit 5 Sprüngen schafft ein **Frosch** 10 Meter.

Tiger: 5 · 5 m = 25 m Mit 5 Sprüngen schafft ein **Tiger** 25 Meter.

**c** Rechne:

Tiger: 4 · 5 m = 20 m

Frosch: 9 · 2 m = 18 m ⟶ 18 m < 20 m

(Tiger) Frosch

**6** Rechne:

morgens + abends = 2-mal

1 Woche = 7 Tage ⟶ 7 · 2 = 14

Antworte: In einer Woche füttert Niklas seine Meerschweinchen 14-mal.

| Punkte | 32,5-30 | 29,5-26 | 25,5-21 | 20,5-16 | 15,5-9,5 | 9-0 |
|---|---|---|---|---|---|---|
| Note | 1 | 2 | 3 | 4 | 5 | 6 |

## 13. Einmaleins: Teilen

**1**

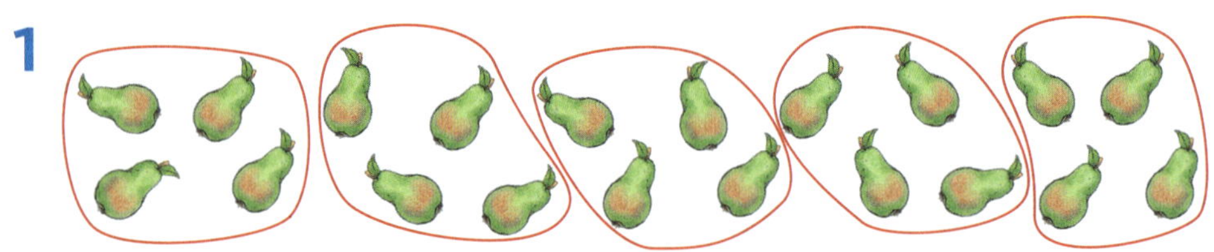

Rechne: 20 : 4 = 5

Antworte: 5 Packungen können gefüllt werden.

**2**

Rechne: 12 : 3 = 4

Antworte: Ich erhalte 4 Netze mit jeweils drei Äpfeln.

**3**

| | | | |
|---|---|---|---|
| 10 : 2 = 5 | 45 : 5 = 9 | 0 : 5 = 0 | 16 : 2 = 8 |
| 18 : 2 = 9 | 40 : 5 = 8 | 30 : 5 = 6 | 35 : 5 = 7 |
| 14 : 2 = 7 | 80 : 10 = 8 | 30 : 10 = 3 | 40 : 10 = 4 |

**4**

7 · 5 = 35    35 : 7 = 5

5 · 7 = 35    35 : 5 = 7

**5**

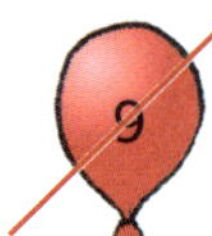

Ziehe dir für jeden falsch oder nicht durchgestrichenen Luftballon 1 P ab.

**6**

Rechne: 24 : 6 = 4

Antworte: Jedes Kind bekommt 4 Karten.

**7** Rechne: 25 (Kinder) : 5 (Gruppen) = 5 Kinder in jeder Gruppe

Antworte: In jeder Gruppe sind 5 Kinder.

**8** Rechne: 18 € (Geschenk) : 2 (Laura + Elif) = 9 €

Antworte: Jedes Kind muss 9 Euro bezahlen.

**9** Rechne: 17 Bälle (sammelt M.) + 9 Bälle (sammelt B.) + 14 Bälle (sammelt T.) = 40 Bälle

40 Bälle (insgesamt) : 10 Bälle (pro Schachtel) = 4 Schachteln

Antworte: Es werden 4 Schachteln voll.

| Punkte | 24-22 | 21,5-19 | 18,5-15,5 | 15-12 | 11,5-7 | 6,5-0 |
|---|---|---|---|---|---|---|
| Note | 1 | 2 | 3 | 4 | 5 | 6 |

# 14. Rechnen bis 100 mit zweistelligen Zahlen

**1**

| + | 4 | 6 | 9 | 10 |
|---|---|---|---|---|
| 49 | 53 | 55 | 58 | 59 |
| 87 | 91 | 93 | 96 | 97 |

| – | 7 | 5 | 8 | 9 |
|---|---|---|---|---|
| 52 | 45 | 47 | 44 | 43 |
| 91 | 84 | 86 | 83 | 82 |

**2**

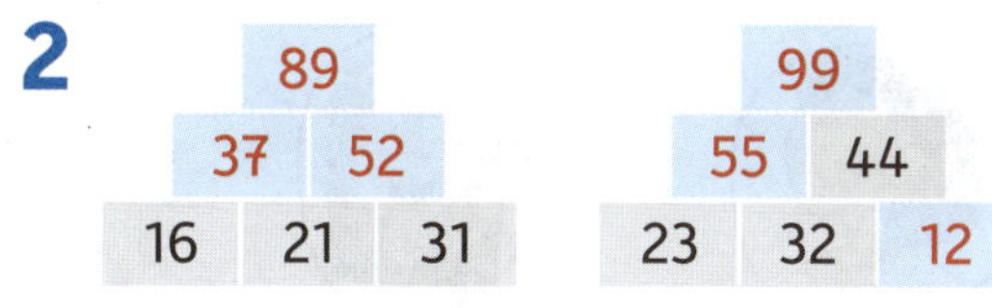


100
64 36
54 10 26

Beispiel: Hier gibt es verschiedene Lösungen.

**3**

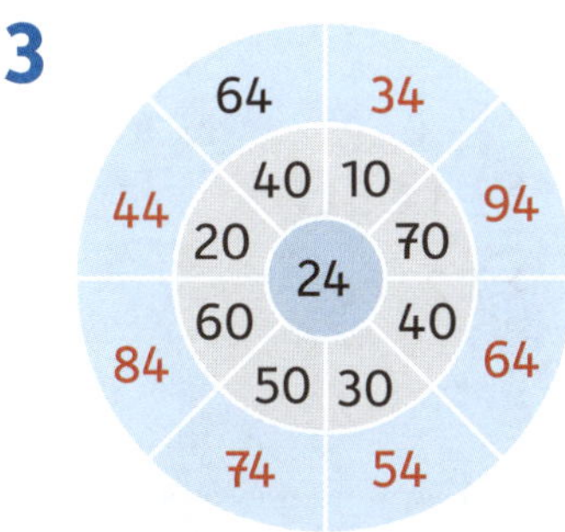


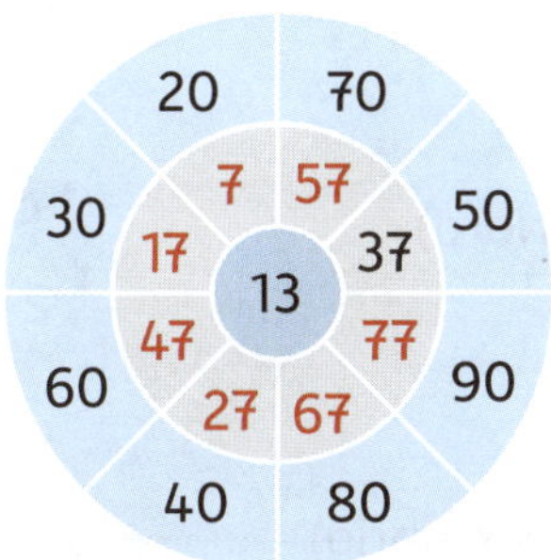


**4**

25 + 29 = 54
25 + 20 = 45
45 + 9 = 54

74 + 17 = 91
74 + 10 = 84
84 + 7 = 91

36 + 58 = 94
36 + 50 = 86
86 + 8 = 94

Hier siehst du einen Lösungsweg, wie du rechnen kannst. Es gibt aber auch andere Möglichkeiten.

77 – 48 = 29
77 – 40 = 37
37 – 8 = 29

56 – 39 = 17
56 – 30 = 26
26 – 9 = 17

83 – 57 = 26
83 – 50 = 33
33 – 7 = 26

**5**

29 + 11 = 40
38 + 31 = 69

57 + 35 = 92
79 + 18 = 97

32 + 19 = 51
48 + 45 = 93

28 + 58 = 86
16 + 79 = 95

**6**

36 – 12 = 24
55 – 15 = 40

90 – 22 = 68
84 – 15 = 69

77 – 58 = 19
62 – 35 = 27

98 – 79 = 19
73 – 47 = 26

**7a** Rechne: 27 + 72 = 99 (1 P)
Die Zahl heißt: 99.

**b** Rechne: 14 + 14 = 28 (1 P)
? – 28 = 50
78 – 28 = 50

**oder**: 50 + 28 = 78 (1 P)
Die Zahl heißt: 78.

jede Rechnung (bei 7b Teilrechnung) = 1 P, jedes Ergebnis = 1/2 P

**8**

Schiefer Turm: sechsundfünfzig Meter = 56 m

Freiheitsstatue: 56 m (Schiefer Turm) + 37 m (höher) = 93 m

Brandenburger Tor: 56 m (Schiefer Turm) – 30 m (kleiner) = 26 m

Glockenturm: ? + 4 m = 100 m
100 m – 4 m = 96 m
(fehlen)

93 m

56 m

96 m

26 m

| Punkte | 42-39 | 38,5-33 | 32,5-26,5 | 26-21 | 20,5-12 | 11,5-0 |
|---|---|---|---|---|---|---|
| Note | 1 | 2 | 3 | 4 | 5 | 6 |

# 15. Rechnen mit Geld

**1a b**

| Mara | Justus | Lena | Sven | Nora |
|---|---|---|---|---|
| 30 € | 45 € | 65 € | 43 € | 47 € |

**c** Rechne: 60 € – 47 € = 13 €
(Puppenschloss) (hat Nora) (fehlen Nora)

Antworte: Nora fehlen noch 13 €.

**d** Rechne: 43 € – 12 € = 31 €
(hat Sven) (Buch) (bleiben Sven übrig)

Antworte: Sven bleiben noch 31 € übrig.

**e** Rechne: 45 € – 30 € = 15 €
(hat Justus) (hat Mara) (hat Justus mehr)

Antworte: Justus hat 15 € mehr gespart als Mara.

**2**

8 € > 8 ct
99 ct < 1 €

1 € = 100 ct
57 ct < 75 ct

1 € 50 ct > 1 € 5 ct
2 € 2 ct > 22 ct

**3**

= 45 ct

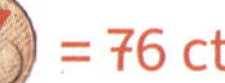
= 76 ct

**4**

Ich kann 5 € mit drei Münzen passend bezahlen.

Ja!

= 5 €

Wenn ich drei Geldscheine habe, habe ich auf jeden Fall mehr als 20 €.

Nein!

= 15 €

Es gibt 6 verschiedene Centmünzen.

Ja!

**5a** 30 € – 21 € = 9 €

Ich bekomme 9 € zurück.

**b** 100 € – 22 € = 78 €

Ich bekomme 78 € zurück.

**c** 50 ct + 50 ct = 100 ct
100 ct – 80 ct = 20 ct

Ich bekomme 20 ct zurück.

**6** Rechne: 6 € + 6 € + 3 € + 3 € + 3 € = 21 €
(Frau Bender) (Herr Bender) (Max) (Josef) (Julia) (Gesamtkosten)

Antworte: Sie müssen insgesamt 21 € bezahlen.

| Punkte | 25,5-23,5 | 23-20 | 19,5-16,5 | 16-12,5 | 12-7,5 | 7-0 |
|---|---|---|---|---|---|---|
| Note | 1 | 2 | 3 | 4 | 5 | 6 |

# 16. Rechnen mit Geld



**1** 73 ct    41 ct    1 € 41 ct    1 € 15 ct

**2** 13 ct < 30 ct < 1 € 3 ct < 3 € 1 ct < 30 €
jeder richtige Vergleich zwischen zwei Geldbeträgen (<) = 1/2 P

**3** Es gibt viele Möglichkeiten. Hier siehst du jeweils ein Beispiel:

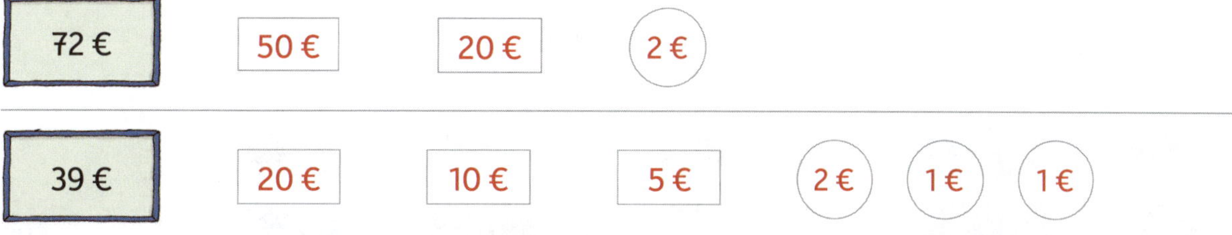


**4**

7 € 50 ct    19 € 29 ct    40 € 93 ct

**5** 20 € | 10 € | 10 € | 10 €    20 € | 20 € | 5 € | 5 €

(Die Reihenfolge der Scheine ist egal.)

**6a** Rechne: 10 € – 1 € 50 ct = 8 € 50 ct

**oder**: 10 € – 1 € = 9 €
9 € – 50 ct = 8 € 50 ct

Antworte: Der Riesenluftballon kostet 8 € 50 ct.

**b**

| 1 Lutscher | 2 Lutscher | 3 Lutscher | 4 Lutscher | 5 Lutscher |
|---|---|---|---|---|
| 30 ct | 60 ct | 90 ct | 1 € 20 ct | 1 € 50 ct |

Nele kann höchstens 3 Lutscher kaufen. (3 Lutscher kosten 90 ct. 90 ct < 1 €.)

**c** Rechne: 40 ct (Zuckerstange) + 40 ct (Zuckerstange) + 1 € 50 ct (kleine Popcorn) = 2 € 30 ct (Gesamtkosten)

3 € (gibt Marek) – 2 € 30 ct (Gesamtkosten) = 70 ct (Geld zurück)

Antworte: Marek bekommt 70 ct zurück.

| Punkte | 20-18,5 | 18-16 | 15,5-13 | 12,5-10 | 9,5-6 | 5,5-0 |
|---|---|---|---|---|---|---|
| Note | 1 | 2 | 3 | 4 | 5 | 6 |

## 17. Einmaleins: Jetzt wird's schwieriger

**1** 2 + 2 + 2 + 2 + 2 = 5 · 2 = 10
3 + 3 + 3 + 3 = 4 · 3 = 12
8 + 8 + 8 + 8 + 8 = 5 · 8 = 40
9 + 9 + 9 + 9 = 4 · 9 = 36
5 + 5 + 5 + 5 + 5 + 5 + 5 = 7 · 5 = 35

**2**

| | | | |
|---|---|---|---|
| 4 · 4 = 16 | 2 · 2 = 4 | 8 · 8 = 64 | 7 · 7 = 49 |
| 10 · 10 = 100 | 5 · 5 = 25 | 6 · 6 = 36 | 9 · 9 = 81 |

**3**

| | | | | |
|---|---|---|---|---|
| 4 · 5 | 6 · 3 | 9 · 4 | 4 · 6 | 7 · 5 |
| 6 · 6 | 10 · 2 | 3 · 8 | 5 · 7 | 2 · 9 |

**4** 8 12 ~~18~~ 20 24 ~~25~~ 36 40

1 Fehler = 1 P, 2 oder mehr Fehler = 0 P

**5** Rechne: 5 · 8 + 15 = 55
**oder**: 5 · 8 = 40
40 + 15 = (55)

Rechne: 45 : ? = 9
45 : (5) = 9

richtige Rechnung oder Rechnungen zu jeder Aufgabe insgesamt = 1 P,
jedes richtig eingekreiste Ergebnis = 1/2 P

**6** Rechne: 6 · 6 = 36 (Eier insgesamt in Schachteln)
36 – 3 = 33
(Eier insgesamt) (kaputte Eier)

Antworte: Nils hat insgesamt noch 33 Eier.

**7** Rechne: 5 · 4 = 20 (Beine von 5 Kühen)
3 · 2 = 6 (Beine von 3 Gänsen)
20 + 6 = 26 (Beine insgesamt)

Antworte: Insgesamt sind das 26 Tierbeine.

**8a**
- ○ 3 Säcke Kartoffeln, 1 Gurke = 16 €
- ☒ 3 Salate, 4 Säcke Kartoffeln = 26 €
- ☒ 6 Gurken, 5 Salate, 2 Säcke Kartoffeln = 26 €
- ○ 1 Sack Kartoffeln, 8 Salate, 4 Gurken = 25 €

**b** ☒ 4 Salate, 2 Säcke Kartoffeln, 8 Gurken
(Das ist ein Beispiel. Lass dir bei deiner Lösung helfen.)

| Punkte | 27-24,5 | 24-21,5 | 21-17,5 | 17-13,5 | 13-8 | 7,5-0 |
|---|---|---|---|---|---|---|
| Note | 1 | 2 | 3 | 4 | 5 | 6 |

# 18. Einmaleins: Für Könner

**1**

$6 \cdot 3 < 19$

$7 \cdot 7 < 59$

$5 \cdot 8 = 10 \cdot 4$

$10 \cdot 7 > 8 \cdot 8$

$6 \cdot 6 > 7 \cdot 5$

$7 \cdot 7 < 5 \cdot 10$

**2**

Zentrum 3: innen 2, 9, 6, 10, 7, 5, 8, 3 – außen 6, 27, 18, 30, 21, 15, 24, 9

Zentrum 8: innen 8, 9, 6, 2, 10, 5, 1, 4 – außen 64, 72, 48, 16, 80, 40, 8, 32

**3** Hier siehst du **alle** Möglichkeiten. Du brauchst nur jeweils 4 davon.

= 24: $4 \cdot 6$, $6 \cdot 4$, $3 \cdot 8$, $8 \cdot 3$, $2 \cdot 12$, $12 \cdot 2$, $1 \cdot 24$, $24 \cdot 1$

= 30: $3 \cdot 10$, $10 \cdot 3$, $2 \cdot 15$, $15 \cdot 2$, $6 \cdot 5$, $5 \cdot 6$, $1 \cdot 30$, $30 \cdot 1$

**4**

| | | | |
|---|---|---|---|
| 16 : 4 = 4 | 72 : 9 = 8 | 56 : 8 = 7 | 49 : 7 = 7 |
| 20 : 4 = 5 | 81 : 9 = 9 | 64 : 8 = 8 | 42 : 7 = 6 |
| 24 : 4 = 6 | 90 : 9 = 10 | 72 : 8 = 9 | 35 : 7 = 5 |

**5** (6) (8) (12) (20) 21 (25) (30) 39

jede vollständig richtig eingekreiste oder nicht eingekreiste Zahl = 1/2 P

**6** Rechne: $4 \cdot 5 = 20$

20 + 12 = (32)

Rechne: $3 \cdot 6 = 18$

18 : 2 = (9)

jede vollständige Rechnung zu jeder Aufgabe = 1 P, jedes richtig eingekreiste Ergebnis = 1/2 P

**7** Rechne: 4 + 1 = 5 (Julie + 4 Freundinnen = 5 Mädchen)

20 : 5 = 4 (20 Bonbons an 5 Mädchen verteilt)

Antworte: Jedes Mädchen bekommt 4 Bonbons.

**8** Rechne:

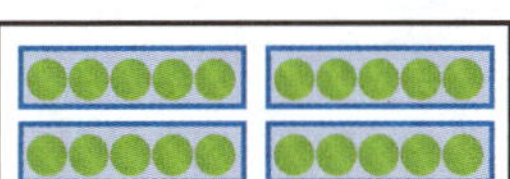

1. Kiste mit 4 Schachteln

2. Kiste mit 4 Schachteln

$2 \cdot 4$ Schachteln = 8 Schachteln 1 P

$8 \cdot 5$ Bälle = 40 Bälle 1 P

**oder**: $4 \cdot 5$ Bälle = 20 Bälle

20 Bälle + 20 Bälle = 40 Bälle

Antworte: Insgesamt sind es 40 Bälle.

| Punkte | 34,5-31,5 | 31-27,5 | 27-22 | 21,5-17 | 16,5-10 | 9,5-0 |
|---|---|---|---|---|---|---|
| Note | 1 | 2 | 3 | 4 | 5 | 6 |

## 19. Längenmaße

**1** 6 cm    8 cm    2 cm

**2** 3 cm: ⊢——⊣    7 cm: ⊢————⊣

**3** 60 cm + 40 cm = 1 m
93 cm + 7 cm = 1 m

24 cm + 15 cm + 61 cm = 1 m
48 cm + 34 cm + 18 cm = 1 m

3 m 40 cm + 15 cm = 3 m 55 cm
4 m 90 cm + 2 m = 6 m 90 cm

5 m 55 cm + 1 m 5 cm = 6 m 60 cm
4 m 70 cm + 80 cm = 5 m 50 cm

**4**

| Geburt: 48 cm | 1. Geburtstag: 72 cm | 2. Geburtstag: 84 cm | 3. Geburtstag: 96 cm |
|---|---|---|---|

Rechne:
Geburt: ? + 2 cm = 50 cm (halber Meter), 50 cm – 2 cm = 48 cm
1. bis 2. Geb.: 72 cm + ? = 84 cm
Rechne die Umkehraufgabe: 84 cm – 72 cm = 12 cm
84 cm bis 1 m: 84 cm + ? = 1 m (1 m = 100 cm)
Rechne die Umkehraufgabe: 100 cm – 84 cm = 16 cm
3. Geb.: 48 cm + 48 cm = 96 cm

Tim wächst vom 1. bis zum 2. Geburtstag 12 cm.
Beim 2. Geburtstag fehlen ihm noch 16 cm bis zu einem Meter.

**5** Rechne: 3 m + 1 m 80 cm = 4 m 80 cm
3 m – 90 cm = 2 m 10 cm
Antworte: Papa springt 4 m 80 cm weit. Lena springt 2 m 10 cm weit.

**6** Rechne: 4 m – 50 cm – 50 cm – 50 cm – 50 cm = 2 m
**oder**: 50 cm + 50 cm + 50 cm + 50 cm = 2 m
4 m – 2 m = 2 m
Antworte: Das Reststück ist 2 m lang.

**7** Zeichne:

2 m
1 m 20 cm    1 m 20 cm
2 m

Rechne: 2 m + 2 m + 1 m 20 cm + 1 m 20 cm = 6 m 40 cm
Antworte: Der Zaun ist insgesamt 6 m 40 cm lang.

| **Punkte** | **23-21** | **20,5-18** | **17,5-14,5** | **14-11,5** | **11-6,5** | **6-0** |
|---|---|---|---|---|---|---|
| **Note** | **1** | **2** | **3** | **4** | **5** | **6** |

# 20. Kalender: Monate, Wochen und Tage

**1a b**

**Januar**

| Mo | Di | Mi | Do | Fr | Sa | So |
|---|---|---|---|---|---|---|
| | | | | | | 1 |
| 2 | 3 | 4 | 5 | 6 | 7 | 8 |
| 9 | 10 | 11 | 12 | 13 | 14 | 15 |
| 16 | 17 | 18 | 19 | 20 | 21 | 22 |
| 23 | 24 | 25 | 26 | 27 | 28 | 29 |
| 30 | 31 | | | | | |

**Februar**

| Mo | Di | Mi | Do | Fr | Sa | So |
|---|---|---|---|---|---|---|
| | | 1 | 2 | 3 | 4 | 5 |
| 6 | 7 | 8 | 9 | 10 | 11 | 12 |
| 13 | 14 | 15 | 16 | 17 | 18 | 19 |
| 20 | 21 | 22 | 23 | 24 | 25 | 26 |
| 27 | 28 | | | | | |

**März**

| Mo | Di | Mi | Do | Fr | Sa | So |
|---|---|---|---|---|---|---|
| | | 1 | 2 | 3 | 4 | 5 |
| 6 | 7 | 8 | 9 | 10 | 11 | 12 |
| 13 | 14 | 15 | 16 | 17 | 18 | 19 |
| 20 | 21 | 22 | 23 | 24 | 25 | 26 |
| 27 | 28 | 29 | 30 | 31 | | |

**April**

| Mo | Di | Mi | Do | Fr | Sa | So |
|---|---|---|---|---|---|---|
| | | | | | 1 | 2 |
| 3 | 4 | 5 | 6 | 7 | 8 | 9 |
| 10 | 11 | 12 | 13 | 14 | 15 | 16 |
| 17 | 18 | 19 | 20 | 21 | 22 | 23 |
| 24 | 25 | 26 | 27 | 28 | 29 | 30 |

**Mai**

| Mo | Di | Mi | Do | Fr | Sa | So |
|---|---|---|---|---|---|---|
| 1 | 2 | 3 | 4 | 5 | 6 | 7 |
| 8 | 9 | 10 | 11 | 12 | 13 | 14 |
| 15 | 16 | 17 | 18 | 19 | 20 | 21 |
| 22 | 23 | 24 | 25 | 26 | 27 | 28 |
| 29 | 30 | 31 | | | | |

**Juni**

| Mo | Di | Mi | Do | Fr | Sa | So |
|---|---|---|---|---|---|---|
| | | | 1 | 2 | 3 | 4 |
| 5 | 6 | 7 | 8 | 9 | 10 | 11 |
| 12 | 13 | 14 | 15 | 16 | 17 | 18 |
| 19 | 20 | 21 | 22 | 23 | 24 | 25 |
| 26 | 27 | 29 | 29 | 30 | | |

**c** 13.04.2023 01.06.2023 **d** 5 Dienstage **e** Montag **f** Dienstag

**g** Nein 1 P! Der Februar hat nur 28 Tage. (Im Schaltjahr hat der Februar 29 Tage.) 1 P

**2**

| | richtig | falsch |
|---|---|---|
| Jeder Monat ist gleich lang. (Es gibt 28, 29, 30 oder 31 Tage.) | | ✗ |
| Ein Tag hat 24 Stunden. (von Mitternacht bis Mitternacht) | ✗ | |
| Es gibt vier Monate, die nur 30 Tage haben. (April, Juni, September, November) | ✗ | |
| Ein Jahr hat 355 oder 356 Tage. (365 oder 366 wäre richtig.) | | ✗ |
| Der letzte Tag im Jahr ist der 30. Dezember. (Der letzte Tag ist der 31. Dez.) | | ✗ |

**3**
2 Wochen = 14 Tage  5 Wochen = 35 Tage  10 Wochen = 70 Tage
7 Tage = 1 Woche  21 Tage = 3 Wochen  28 Tage = 4 Wochen

**4a** Heute ist der 4. November oder 4.11.
**b** Die Weihnachtsferien dauern insgesamt 7 + 7 + 3 = 17 Tage.
**c** Das Mädchen hat am 3. Dezember Geburtstag.
**d** Die Sommerferien beginnen in 5 Tagen.
**e** Was sagst du dazu? Das kann nicht stimmen. Der April hat nur 30 Tage.

| Punkte | 26-24 | 23,5-20 | 19,5-16,5 | 16-13 | 12,5-7 | 6,5-0 |
|---|---|---|---|---|---|---|
| Note | 1 | 2 | 3 | 4 | 5 | 6 |

# 21. Uhr und Zeit

**1**

| | | | | |
|---|---|---|---|---|
| 1.00 Uhr | 5.15 Uhr | 13.30 Uhr | 3.50 Uhr | 15.05 Uhr |
| 15.50 Uhr | 3.05 Uhr | 13.00 Uhr | 1.30 Uhr | 17.15 Uhr |

**2**

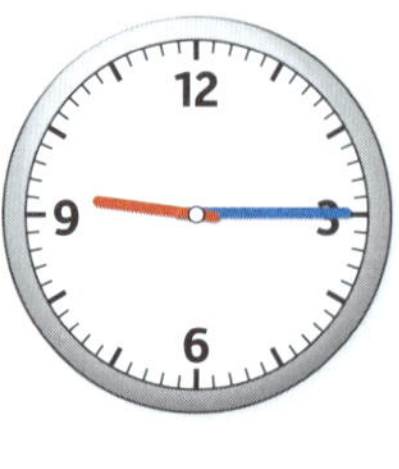

8.00 Uhr | 11.30 Uhr | 14.45 | 21.15 | 19.05

**3** Jetzt ist Mitternacht: 0.00 oder 24.00 Uhr
Um sieben Uhr fünfundfünfzig beginnt die Schule: 7.55 Uhr
Ich frühstücke immer um Viertel nach sieben: 7.15 Uhr
Um halb drei Uhr nachmittags kommt Jan zum Spielen: 14.30 Uhr
(Achtung: 2.30 Uhr stimmt nicht. Das wäre mitten in der Nacht!)

**4**

| | | | |
|---|---|---|---|
| Schule: | 8.00 Uhr | 4 Stunden → | 12.00 Uhr |
| Zahnarzt: | 13.10 Uhr | 30 Minuten → | 13.40 Uhr |
| Hausaufgaben: | 14.20 Uhr | 40 Minuten → | 15.00 Uhr |
| Kino: | 17.30 Uhr | 2 Stunden → | 19.30 Uhr |

**5**

90 Minuten (=) eineinhalb Stunden
eine Stunde (<) 100 Minuten
eine Viertelstunde (>) 4 Minuten
eine halbe Stunde (=) 30 Minuten

**6**

Das Mittagessen gibt es um 11.45 Uhr.

Das Fußballtraining hat um 13.15 Uhr angefangen.

Bis Mitternacht dauert es noch 20 Minuten.

**7**

(X) Wann fährt der Bus ab?
(X) Wie viele Kinder sitzen im Bus?
(X) Um wie viel Uhr kommt der Bus an der Schule an?
(X) Wie viele Minuten fährt Emre jeden Morgen mit dem Bus zur Schule?

Rechne: 7.15 Uhr —+ 22 Minuten→ 7.37 Uhr
Antworte: Um 7.37 Uhr kommt der Bus an.

| **Punkte** | 28-26 | 25,5-22 | 21,5-18 | 17,5-14 | 13,5-8 | 7,5-0 |
|---|---|---|---|---|---|---|
| **Note** | 1 | 2 | 3 | 4 | 5 | 6 |

# 22. Quer durch die 2. Klasse

**1**

| · | 2 | 4 | 6 | 9 |
|---|---|---|---|---|
| 10 | 20 | 40 | 60 | 90 |
| 5 | 10 | 20 | 30 | 45 |

| · | 5 | 6 | 7 | 8 |
|---|---|---|---|---|
| 2 | 10 | 12 | 14 | 16 |
| 4 | 20 | 24 | 28 | 32 |

**2a**

Hase (5) + Hase (5) + Hase (5) = 15

Hase (5) + 45 = Igel (50)

Igel (50) : Zebra (10) = Hase (5)

**b**

Krokodil (20) + Krokodil (20) = Katze (40)

Katze (40) – Frosch (4) = 36

Frosch (4) · Frosch (4) = 16

Rechne diese Zeile zuerst.

**3**

42 + 9 = 51
25 + 24 = 49
66 + 31 = 97

47 – 8 = 39
38 – 12 = 26
46 – 33 = 13

80 – 21 = 59
55 + 35 = 90
54 – 25 = 29

14 + 77 = 91
53 – 35 = 18
44 + 48 = 92

**4a** 57 – 13 = (44)

**b** ? + 10 + 19 = 99
Rechne die Umkehraufgabe:
99 – 19 = 80
80 – 10 = (70)

**c** ? – 20 = 80
Rechne die Umkehraufgabe:
80 + 20 = (100)

Rechnung für jede Aufgabe = 1 P, jedes richtig eingekreiste Ergebnis = 1/2 P

**5** 9.00 Uhr, 9.15 Uhr, 9.30 Uhr, 9.45 Uhr, 10.00 Uhr, 10.15 Uhr

**6** Rechenfrage: Wie viele Mäuse hat er noch?
Rechne: 52 – 37 = 15
Antworte: Er hat noch 15 weiße Mäuse.

**7a**

| 1. Nacht | 2. Nacht | 3. Nacht | 4. Nacht | 5. Nacht |
|---|---|---|---|---|
| 2 | 2 + 2 = 4 | 4 + 4 = 8 | 8 + 8 = 16 | 16 + 16 = 32 |

**b** Grusu rasselt in der 3. Nacht 8-mal.

**c** Rechne: 2 + 4 + 8 + 16 + 32 = 62
Antworte: Grusu hat insgesamt 62-mal gerasselt.

| **Punkte** | **35-32,5** | **32-28** | **27,5-22,5** | **22-17,5** | **17-10,5** | **10-0** |
|---|---|---|---|---|---|---|
| **Note** | **1** | **2** | **3** | **4** | **5** | **6** |

# 23. Quer durch die 2. Klasse

**1**

| | | | |
|---|---|---|---|
| 30 + 36 = 66 | 88 – 40 = 48 | 70 – 39 = 31 | 76 + 24 = 100 |
| 14 + 52 = 66 | 55 – 35 = 20 | 48 + 19 = 67 | 18 + 69 = 87 |
| 74 + 21 = 95 | 50 – 23 = 27 | 73 – 64 = 9 | 56 – 47 = 9 |

**2**

| | | | |
|---|---|---|---|
| 5 · 7 = 35 | 2 · 6 = 12 | 4 · 8 = 32 | 0 · 9 = 0 |
| 4 · 7 = 28 | 4 · 6 = 24 | 5 · 8 = 40 | 2 · 9 = 18 |
| 3 · 7 = 21 | 6 · 6 = 36 | 6 · 8 = 48 | 4 · 9 = 36 |

**3**

| | |
|---|---|
| 6 € + 14 € = 20 € | 4 € 79 ct + 0 € 21 ct = 5 € |
| 36 ct + 59 ct = 95 ct | 8 € 80 ct + 1 € 20 ct = 10 € |

**4a**

**b** 1 ct + 2 ct + 5 ct + 10 ct + 20 ct + 50 ct = 88 ct

Wenn du jede **Centmünze** genau einmal hast, dann hast du 88 ct.

**5**

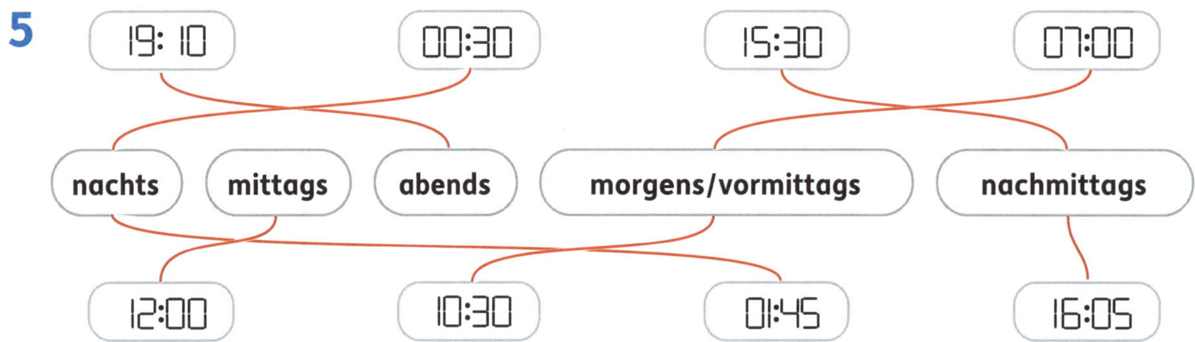


Achtung: 07.00 Uhr ist am Morgen. 19.00 Uhr ist am Abend.
Auf einer Zeigeruhr sieht die Zeit gleich aus!

Tageszeiten im Überblick:
Ihr Beginn und ihr Ende sind nicht genau festgelegt und können sich überschneiden.

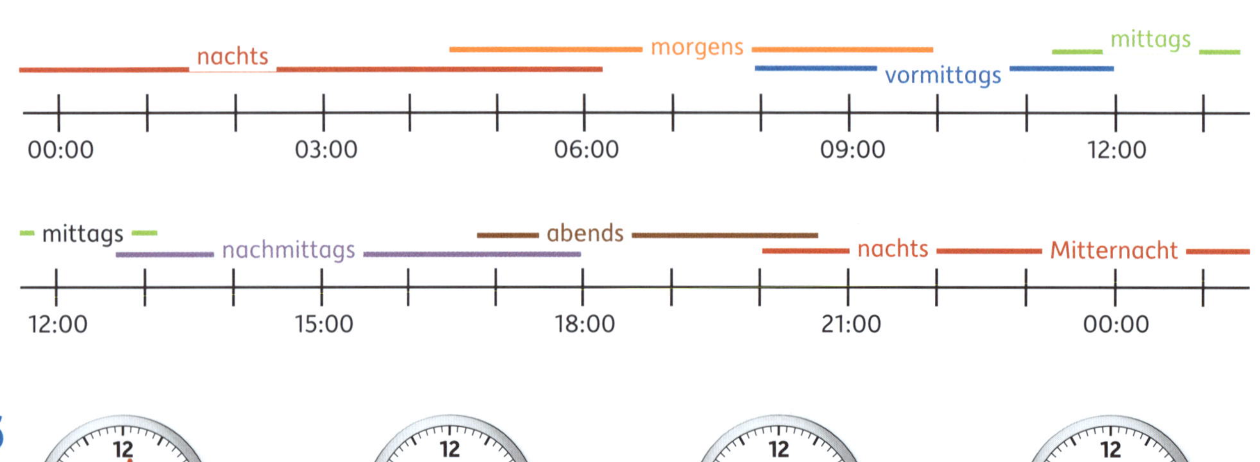


**6**

**7**

1 Fehler = 1 P, 2 oder mehr Fehler = 0 P

**8** Tipp: Teile das Kreuz in Bereiche ein. Jetzt kannst du rechnen:

Rechne: ① 3 · 3 = 9 ④ 3 · 3 = 9
② 3 · 3 = 9 ⑤ 6 · 3 = 18
③ 3 · 3 = 9 9 + 9 + 9 + 9 + 18 = 54

Antworte: Mia braucht insgesamt 54 Mosaiksteine.

**9**

Quader

Kugel

Zylinder

**10a**

| | richtig | falsch |
|---|---|---|
| Der Eintritt für zwei Erwachsene kostet 10 €. (2 · 5 € = 10 €) | ✗ | |
| Die Buslinie hat die Nummer 63. (Nein! ⟶ 36) | | ✗ |
| Leo und sein Vater steigen bei der Müllerstraße aus. (Nein! Schwimmbad + 3 Stationen = Hoferstraße) | | ✗ |
| Am Dienstag öffnet das Schwimmbad sechs Stunden lang. (Montag bis Freitag, also auch am Dienstag: 13.00 bis 19.00 Uhr = 6 Stunden) | ✗ | |
| Am Bahnhof fährt der Bus um 19.54 Uhr ab. (Nein! 19.49 Uhr) | | ✗ |

**b** Rechne: 5 € + 2 € 50 ct = 7 € 50 ct
(Hälfte von 5 €)

Antworte: Sie müssen 7 € 50 ct bezahlen.

Rechne: von 15.00 Uhr bis 19.30 Uhr = 4 Stunden 30 Minuten (Achtung: Es ist Samstag!)
(Ankunft) (Bad schließt)

Antworte: Sie sind 4 Stunden 30 Minuten im Schwimmbad.

Rechne: von 19.40 Uhr bis 19.59 Uhr = 19 Minuten
(Abfahrt) (Ausstieg Hoferstraße)

Antworte: Sie fahren 19 Minuten mit dem Bus zurück.

| **Punkte** | **44-41** | **40,5-35** | **34,5-28,5** | **28-22** | **21,5-13** | **12,5-0** |
|---|---|---|---|---|---|---|
| **Note** | **1** | **2** | **3** | **4** | **5** | **6** |

# Tierische Mathe-Spaß-Aufgaben

Auf diesen beiden Seiten sind Aufgaben, die einfach Spaß machen sollen. Wenn du sie löst, übst du aber auch noch ein bisschen. Auf der letzten Seite dieses Innenteils findest du die Lösungen und erfährst etwas über die drei Tiere.

**1 Wer versteckt sich hier?**
Verbinde die Punkte in 2er-Schritten, dann weißt du es.
Beginne mit 1 – 3 – 5 ... bis 99. Achtung: Manche Zahlen gehören nicht dazu.

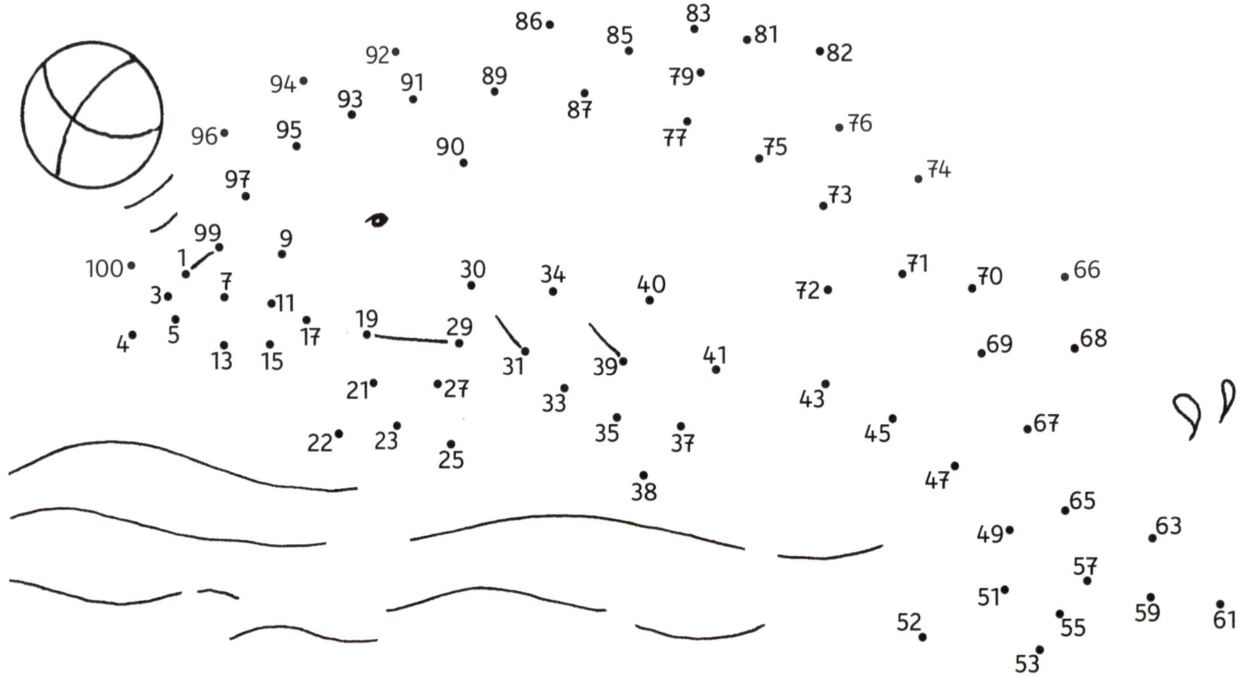

**2 Wer ist denn das?**
Wenn du die Aufgaben löst und die passenden Buchstaben zu den Zahlen ergänzt, dann erfährst du den Namen und etwas, das dieses Tier nie macht.

| 26 | 28 | 36 | 39 | 48 | 52 | 67 | 72 | 78 | 83 | 94 |
|---|---|---|---|---|---|---|---|---|---|---|
| S | Ä | E | O | C | F | L | H | N | T | R |

| | | | | | | | | |
|---|---|---|---|---|---|---|---|---|
| 34 + 5 = | 39 | O | 57 – 5 = | | | 45 – 19 = | | |
| 42 + 6 = | | | 100 – 6 = | | | 93 – 45 = | | |
| 68 + 4 = | | | 47 – 8 = | | | 33 + 39 = | | |
| 17 + 9 = | | | 35 – 9 = | | | 94 – 27 = | | |
| 23 + 13 = | | | 79 – 31 = | | | 84 – 56 = | | |
| 56 + 22 = | | | 92 – 20 = | | | 14 + 38 = | | |
| | | | | | | 57 + 26 = | | |

Der O _ _ _ _ _ _ _ _ _ _ ist ein Tier,

das nie _ _ _ _ _ _ _.

## 3 Kennst du dieses Tier?

Schneide unten die Teile mit den Ergebniszahlen aus und lege sie oben passend auf die Aufgaben. Wenn das Bild stimmt, kannst du alle Teile aufkleben.

| | | | | |
|---|---|---|---|---|
| 6 · 5 | 4 · 10 | 2 · 9 | 7 · 7 | 3 · 3 |
| 5 · 9 | 0 · 6 | 6 · 2 | 5 · 5 | 9 · 10 |
| 6 · 6 | 10 · 7 | 4 · 5 | 2 · 2 | 9 · 9 |
| 4 · 4 | 3 · 5 | 8 · 8 | 10 · 8 | 5 · 2 |

# Tierische Mathe-Spaß-Aufgaben: Lösungen

**1** Wenn du die Punkte richtig verbunden hast, siehst du einen Delfin.

Wusstest du das?
Delfine leben in fast allen Meeren unserer Erde. Sie fressen meistens Fische. Manche Delfinarten haben bis zu 250 Zähne. Delfine haben eine besondere Sprache: Mit Klickgeräuschen können sie sich verständigen.

**2** Wenn du richtig gerechnet hast, findest du folgenden Lösungssatz:

Der O C H S E N F R O S C H ist ein Tier, das nie S C H L Ä F T .

Wusstest du das?
Es gibt verschiedene Arten von Ochsenfröschen. Manche können bis zu 25 cm lang werden. Sie fressen gerne und viel, zum Beispiel Insekten und Schnecken, aber auch kleine Schlangen und Vögel. Ursprünglich kommt der Ochsenfrosch aus Nordamerika, aber inzwischen lebt er in vielen Teilen der Erde. Die Stimme des Ochsenfroschs klingt so ähnlich wie das Brüllen eines Ochsen. Daher hat der Ochsenfrosch seinen Namen.

**3** Das Tier auf dem Puzzle ist ein Koala mit seinem Jungen.

Wusstest du das?
Koalas leben in Australien. Sie schlafen auf Bäumen bis zu 20 Stunden am Tag und fressen fast nur Eukalyptusblätter. Deshalb riechen Koalababys auch wie Eukalyptus-Hustenbonbons. Der Name „Koala“ bedeutet „ohne zu trinken“ und tatsächlich trinken Koalas nur sehr selten.

## Sachaufgaben: Spiele spielen

**6** 6 Kinder spielen zusammen ein Kartenspiel. Dafür werden am Anfang 24 Karten gleichmäßig an alle Kinder verteilt. Zeichne die Karten (▯) passend zu den Kindern. 3 Karten sind schon eingezeichnet.

| ▯ | ▯ | ▯ | | | |
|---|---|---|---|---|---|

/ 1

▶ Wie viele Karten bekommt jedes Kind? Schreibe eine Rechnung und antworte.

Rechne: ______________________________ / 1

Antworte: Jedes Kind bekommt ______ Karten. /0,5

**7** In die Klasse 2b gehen 25 Kinder. Die Lehrerin teilt die Kinder in 5 gleich große Gruppen ein.

▶ Wie viele Kinder sind in jeder Gruppe? Rechne und ergänze den Antwortsatz.

Rechne: ______________________________ / 1

Antworte: In jeder Gruppe sind ______ Kinder. /0,5

**8** Laura und Elif kaufen zusammen ein Geburtstagsgeschenk für Ayse: ein Brettspiel. Sie bezahlen insgesamt 18 Euro. Jede bezahlt die Hälfte.

▶ Wie viel muss jedes Mädchen bezahlen? Rechne und ergänze den Antwortsatz.

Rechne: ______________________________ / 1

Antworte: Jedes Kind muss ______ Euro bezahlen. /0,5

**9** Am Ende eines Ballspiels sammeln Marco, Benno und Theo die Bälle ein. Marco sammelt 17 Bälle ein, Benno 9 und Theo 14. Alle Bälle zusammen werden wieder in Schachteln verpackt. In jede Schachtel passen 10 Bälle.

▶ Wie viele Schachteln werden voll? Rechne und schreibe einen Antwortsatz.

Rechne: / 2

______________________________ /0,5

**Von 24 Punkten hast du ______ erreicht.**

## 14. Rechnen bis 100 mit zweistelligen Zahlen

**1 Rechentabellen: Ergänze die Lücken. Achte auf das Rechenzeichen.**

| + | 4 | 6 | 9 | |
|---|---|---|---|---|
| 49 | | | | 59 |
| 87 | | | | |

| − | 7 | 5 | | |
|---|---|---|---|---|
| 52 | | | 44 | |
| 91 | | | | 82 |

/ 8

**2 Rechenmauern: Zwei Steine nebeneinander ergeben die Zahl darüber.**

Hier gibt es verschiedene Lösungen.

/ 5

**3 Rechenräder: Rechne + von innen nach außen. Ergänze alle Lücken.**

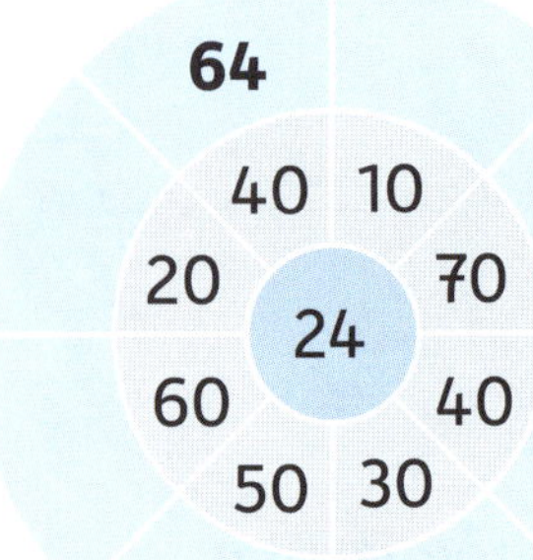


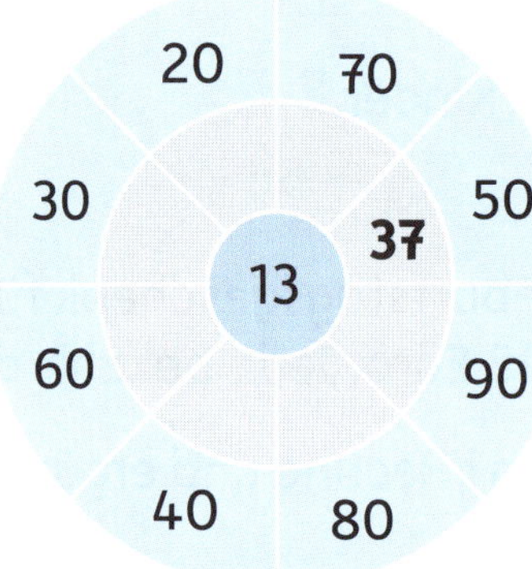


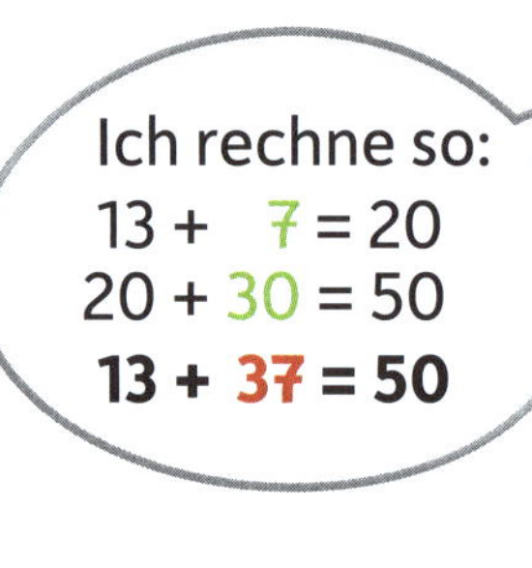


/ 7

**4 Schwierige Aufgaben: Rechne schrittweise. Wähle deinen Rechenweg selbst.**
Tipp: Auch ein Rechenstrich könnte dir helfen. Schau dir die Seiten 49 und 51 an.

25 + 29 = ____

74 + 17 = ____

36 + 58 = ____

77 − 48 = ____

56 − 39 = ____

83 − 57 = ____

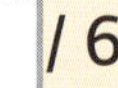

/ 6

**5** **Rechne Plusaufgaben schrittweise im Kopf.**

29 + 11 = ____ 57 + 35 = ____ 32 + 19 = ____ 28 + 58 = ____

38 + 31 = ____ 79 + 18 = ____ 48 + 45 = ____ 16 + 79 = ____ ☐ / 4

**6** **Rechne Minusaufgaben schrittweise im Kopf.**

36 – 12 = ____ 90 – 22 = ____ 77 – 58 = ____ 98 – 79 = ____

55 – 15 = ____ 84 – 15 = ____ 62 – 35 = ____ 73 – 47 = ____ ☐ / 4

**7a** **Wenn du die Zahlen 27 und 72 zusammenzählst, erhältst du die gesuchte Zahl.**

Rechne: ______________________ Die Zahl heißt: ________. ☐ /1,5

**b** **Wenn du von meiner Zahl das Doppelte von 14 abziehst, erhältst du 50.**

Rechne: ______________________

______________________ Die Zahl heißt: ________. ☐ /2,5

**8** **Hier siehst du berühmte Bauwerke. Berechne ihre Höhe.**

Der **Schiefe Turm von Pisa** ist sechsundfünfzig Meter hoch.
Die **Freiheitsstatue** in New York ist 37 m höher als der Schiefe Turm.
Das **Brandenburger Tor** in Berlin ist 30 m kleiner als der Schiefe Turm.
Beim **Turm** mit der **Glocke Big Ben** in London
fehlen 4 m bis zu 100 m.

Freiheitsstatue: ☐ m hoch.

Schiefer Turm: ☐ m hoch.

Glockenturm: ☐ m hoch.

Brandenburger Tor: ☐ m hoch. ☐ / 4

**Von 42 Punkten hast du ____ erreicht.**

# 15. Rechnen mit Geld

## Sachaufgaben: Geld sparen

**1a** Wie viel Geld haben die Kinder gespart?

_____ € _____ € _____ € _____ € _____ € /5

**b** Wer hat am **meisten gespart**? Kreise das Kind **rot** ein.
Wer hat am **wenigsten gespart**? Kreise das Kind **blau** ein. /2

**c** Nora möchte sich für 60 € ein Puppenschloss kaufen. Oben siehst du, wie viel Geld Nora schon gespart hat. Wie viel Geld fehlt ihr noch?

Rechne: ________________________________________ /1

Antworte: Nora fehlen noch _____ €. /0,5

**d** Sven kauft sich von seinem gesparten Geld ein Buch für 12 €.
Wie viel Geld bleibt ihm übrig?

Rechne: ________________________________________ /1

Antworte: Sven bleiben noch _____ € übrig. /0,5

**e** Wie viel Geld hat Justus **mehr** gespart als Mara?

Rechne: ________________________________________ /1

Antworte: Justus hat _____ € mehr gespart als Mara. /0,5

**2 Weniger, mehr oder gleich viel Geld? Setze ein: <, > oder =.**

| | | |
|---|---|---|
| 8 € ◯ 8 ct | 1 € ◯ 100 ct | 1 € 50 ct ◯ 1 € 5 ct |
| 99 ct ◯ 1 € | 57 ct ◯ 75 ct | 2 € 2 ct ◯ 22 ct |

/3

**3** **Wie viel fehlt jeweils zu genau 1 €? Kreuze die Münzen an, die du brauchst.**

Ich habe 55 ct. Ich brauche noch:

Ich habe 24 ct. Ich brauche noch: /2

**4** **Richtig oder falsch? Male richtige Aussagen grün, falsche Aussagen rot an.**

5 € kann man mit drei Münzen passend bezahlen.

Wenn ich drei Geldscheine habe, habe ich auf jeden Fall mehr als 20 €.

Es gibt 6 verschiedene Centmünzen.

/ 3

**5** **Wie viel bekommst du zurück? Rechne und schreibe auf.**

| | Ich kaufe ... | Ich gebe ... | Ich bekomme zurück ... |
|---|---|---|---|
| a | **Teddybär: 21 €** | | Ich bekomme ______ € zurück. |
| b | **Fußball: 22 €** | | Ich bekomme ______ € zurück. |
| c | **jedes Heft: 40 ct** | | Ich bekomme ______ ct zurück. |

/4,5

**6** Frau und Herr Bender gehen mit ihren Kindern Max, Josef und Julia ins Schwimmbad. Der Eintritt kostet für Erwachsene 6 €, für Kinder 3 €.

▸ Wie viel müssen sie insgesamt bezahlen? Rechne und antworte.

Rechne: ____________________ /1

Antworte: Sie müssen insgesamt ______ € bezahlen. /0,5

**Von 25,5 Punkten hast du ______ erreicht.**

# 16. Rechnen mit Geld

**1 Zähle jeweils das Geld zusammen und schreibe die vier Geldbeträge auf.**

____ ct　　　____ ct　　　____ € ____ ct　　　____ € ____ ct

☐ / 4

**2 Ordne die Geldbeträge der Größe nach. Beginne mit dem kleinsten Wert.**

30 €　　13 ct　　3 € 1 ct　　30 ct　　1 € 3 ct

______ < ______ < ______ < ______ < ______

☐ / 2

**3 Wie kannst du die folgenden Beträge jeweils passend bezahlen?**
**Zeichne Scheine und Euromünzen ein. (Es gibt verschiedene Möglichkeiten.)**

72 €

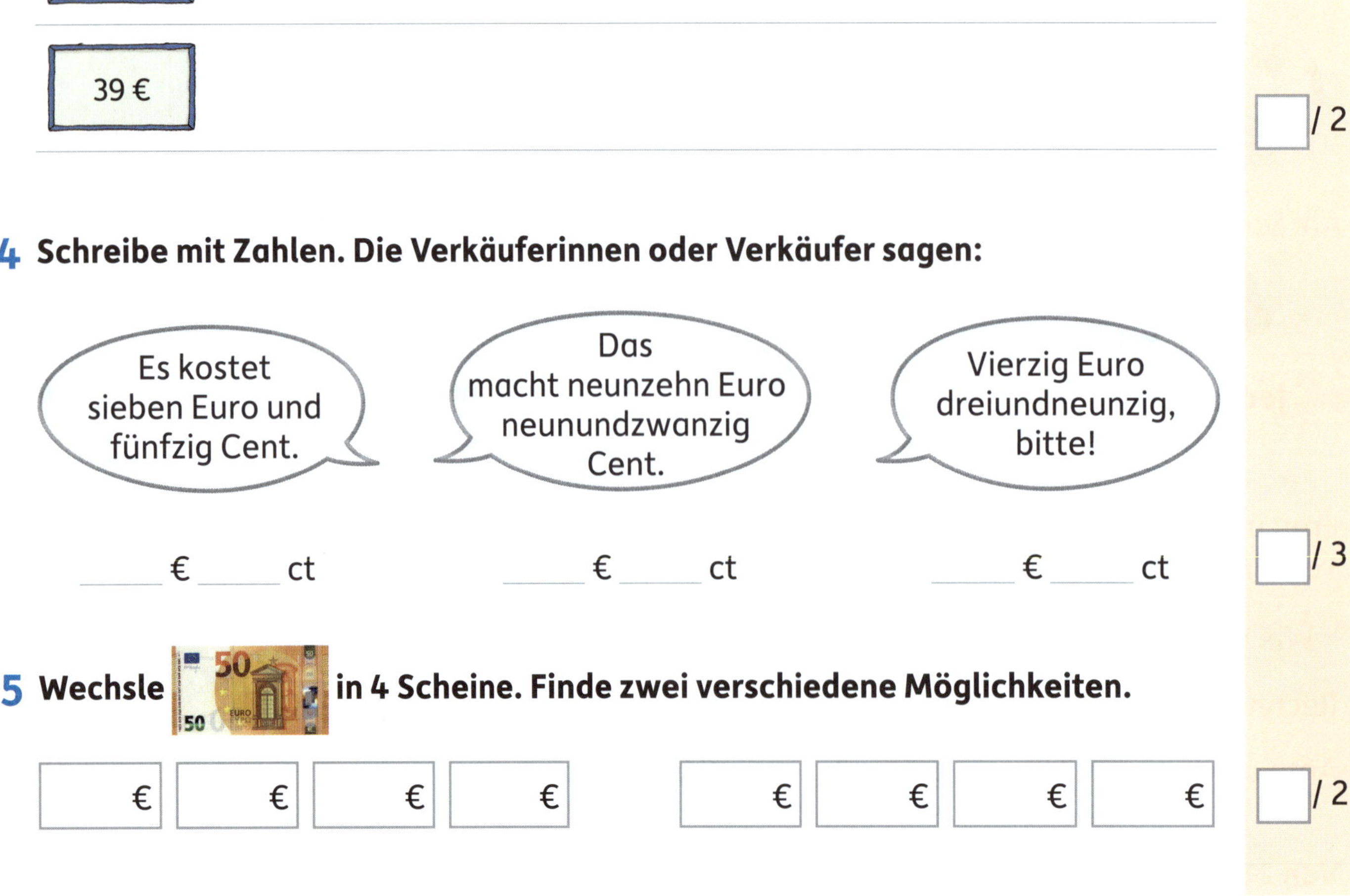

39 €

☐ / 2

**4 Schreibe mit Zahlen. Die Verkäuferinnen oder Verkäufer sagen:**

Es kostet sieben Euro und fünfzig Cent.

Das macht neunzehn Euro neunundzwanzig Cent.

Vierzig Euro dreiundneunzig, bitte!

____ € ____ ct　　　____ € ____ ct　　　____ € ____ ct

☐ / 3

**5 Wechsle [50-Euro-Schein] in 4 Scheine. Finde zwei verschiedene Möglichkeiten.**

☐ € ☐ € ☐ € ☐ €　　　☐ € ☐ € ☐ € ☐ €

☐ / 2

## Sachaufgaben: Auf dem Volksfest

**6a** Jan kauft einen Riesenluftballon. Er gibt einen 10-€-Schein und bekommt **1 € 50 ct** zurück.

▶ Wie viel kostet der Riesenluftballon?

Rechne: ______________________________ /1

Antworte: Der Riesenluftballon kostet _____ € _____ ct. /0,5

**b** Ergänze die Tabelle. Schau dir dazu das Bild oben an.

| 1 Lutscher | 2 Lutscher | 3 Lutscher | 4 Lutscher | 5 Lutscher |
|---|---|---|---|---|
| _____ ct | _____ ct | _____ ct | _____ € _____ ct | _____ € _____ ct |

/2,5

▶ Nele hat 1 € dabei. Wie viele Lutscher kann sie höchstens kaufen?

Antworte: Nele kann höchstens _____ Lutscher kaufen. /0,5

**c** Marek kauft 2 Zuckerstangen und eine kleine Tüte Popcorn. Er gibt dem Verkäufer 3 €.

▶ Wie viel Geld bekommt Marek **zurück**?

Rechne:

/2

Antworte: Marek bekommt _____ ct zurück. /0,5

**Von 20 Punkten hast du _____ erreicht.**

# 17. Einmaleins: Jetzt wird's schwieriger

**1 Von Plusaufgaben zu Malaufgaben: Ergänze alle Lücken.**

2 + 2 + 2 + 2 + 2 = 5 · 2 = ____

3 + 3 + 3 + 3 = ____ · ____ = ____

8 + 8 + 8 + 8 + 8 = ____ · ____ = ____

________________________ = 4 · 9 = ____

5 + ________________________ = 7 · ____ = ____

☐ / 5

**2 Rechne Quadrataufgaben.**

| | | | |
|---|---|---|---|
| 4 · 4 = ____ | 2 · 2 = ____ | 8 · 8 = ____ | 7 · 7 = ____ |
| 10 · 10 = ____ | 5 · 5 = ____ | 6 · 6 = ____ | 9 · 9 = ____ |

☐ / 4

**3 Immer zwei Aufgaben haben das gleiche Ergebnis. Male sie jeweils mit gleicher Farbe an.**

| | | | | |
|---|---|---|---|---|
| 4 · 5 | 6 · 3 | 9 · 4 | 4 · 6 | 7 · 5 |
| 6 · 6 | 10 · 2 | 3 · 8 | 5 · 7 | 2 · 9 |

☐ / 5

**4 Kennst du die Ergebnisse aus dem 4er-Einmaleins? Zwei Zahlen gehören nicht dazu. Streiche sie durch.**

8 12 18 20 24 25 36 40

☐ / 2

**5 Zahlenrätsel: Welche Zahl ist gesucht? Rechne und kreise dein Ergebnis ein.**

Wenn du 5 mit 8 malnimmst und dann 15 dazuzählst, erhältst du meine Zahl.

Wenn du die Zahl 45 durch meine Zahl teilst, erhältst du die Zahl 9.

R: ________________________

________________________

R: ________________________

________________________

☐ / 3

## Sachaufgaben: Auf dem Bauernhof

**6** Nils wohnt neben einem Bauernhof. Heute darf er im Hühnerstall Eier sammeln. 6 Schachteln kann er mit jeweils 6 Eiern füllen. Leider gehen ihm auf dem Weg zum Haus 3 Eier kaputt.

▶ Wie viele Eier hat Nils jetzt noch? Rechne und schreibe einen Antwortsatz.

Rechne: / 2

Nils /0,5

**7** Auf der Wiese des Bauernhofs sieht Nils 5 Kühe und 3 Gänse.

▶ Wie viele Tierbeine sind das insgesamt?

Rechne: / 2

Antworte: Insgesamt sind das ______ Tierbeine. /0,5

**8** Nils' Mutter kauft im Hofladen Gemüse:
Ein Salat kostet 2 €, ein Sack Kartoffeln kostet 5 € und eine Gurke kostet 1 €.
Heute hat sie 26 € bezahlt.

**a** Was könnte sie gekauft haben? Kreuze **alle richtigen** Antworten an.

- ○ 3 Säcke Kartoffeln, 1 Gurke
- ○ 6 Gurken, 5 Salate, 2 Säcke Kartoffeln
- ○ 3 Salate, 4 Säcke Kartoffeln
- ○ 1 Sack Kartoffeln, 8 Salate, 4 Gurken

/ 2

**b** Finde eine weitere richtige Lösung. Setze passende Zahlen ein. Die Zahl 0 darfst du nicht verwenden.

☒ ____ Salate, ____ Säcke Kartoffeln, ____ Gurken /1

**Von 27 Punkten hast du ______ erreicht.**

# 18. Einmaleins: Für Könner

**1 Kleiner, größer oder gleich? Setze das passende Zeichen ein: <, > oder =.**

| | | |
|---|---|---|
| 6 · 3 ◯ 19 | 5 · 8 ◯ 10 · 4 | 6 · 6 ◯ 7 · 5 |
| 7 · 7 ◯ 59 | 10 · 7 ◯ 8 · 8 | 7 · 7 ◯ 5 · 10 |

☐ / 6

**2 Rechenräder**

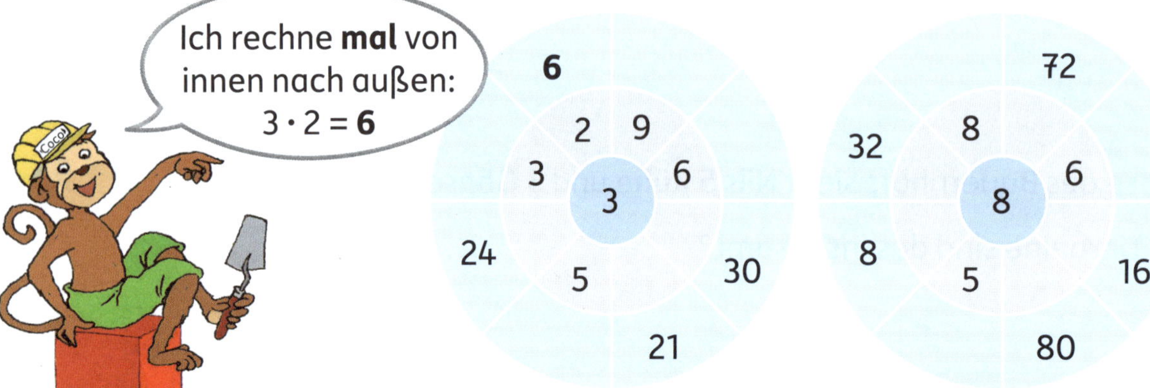


☐ /7,5

**3 Finde jeweils 4 verschiedene Malaufgaben zu dem angegebenen Ergebnis.**

_____ _____ = 24 _____ _____

_____ _____ = 30 _____ _____

☐ / 4

**4 Rechne.**

| | | | |
|---|---|---|---|
| 16 : 4 = ____ | 72 : 9 = ____ | 56 : 8 = ____ | 49 : 7 = ____ |
| 20 : 4 = ____ | 81 : 9 = ____ | 64 : 8 = ____ | 42 : 7 = ____ |
| 24 : 4 = ____ | 90 : 9 = ____ | 72 : 8 = ____ | 35 : 7 = ____ |

☐ / 6

**5 Kreise ein: Ergebnisse aus dem ...**

**4er-Einmaleins rot, 5er-Einmaleins grün, 6er-Einmaleins blau.**

**Achtung: Manche Zahlen musst du mit mehreren Farben einkreisen, manche Zahlen werden nicht eingekreist.**

6 8 12 20 21 25 30 39

☐ / 4

**6** **Zahlenrätsel: Welche Zahl ist gesucht? Rechne und kreise dein Ergebnis ein.**

Meine Zahl ist um 12 größer als das Ergebnis von 4 mal 5.

Meine Zahl ist halb so groß wie das Ergebnis von 3 mal 6.

Rechne: ________________ Rechne: ________________

/ 3

**Sachaufgaben: Sport in der Klasse 2b**

**7** Julie freut sich: Bei einem Wettspiel in der Schule hat sie zusammen mit ihren vier Freundinnen gewonnen. Die Lehrerin verteilt gleichmäßig an die Mädchen insgesamt 20 Bonbons.

▶ Wie viele Bonbons bekommt jedes Mädchen? Rechne und antworte.

Rechne:

/ 1

/0,5

**8** Jetzt dürfen die Kinder Weitwurf üben. Dafür braucht die Lehrerin viele Tennisbälle. Sie bringt 2 Kisten mit. In jeder Kiste sind 4 Schachteln. In jeder Schachtel sind 5 Tennisbälle. (Eine Zeichnung kann dir helfen.)

▶ Wie viele Bälle sind es insgesamt?

Rechne:

/ 2

/0,5

**Von 34,5 Punkten hast du ______ erreicht.**

## 19. Längenmaße

**1** **Wie lang sind die Gegenstände. Miss genau.**

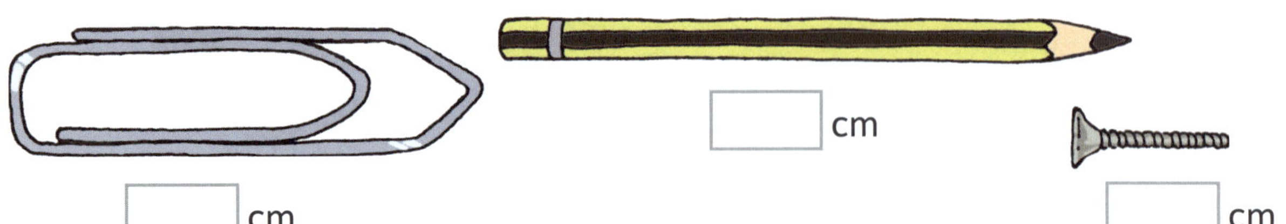

[ ] cm [ ] cm [ ] cm

[ ] / 3

**2** **Zeichne die angegebenen Strecken mit deinem Lineal.**

3 cm: ⊢- - - -

7 cm: ⊢- - - -

[ ] / 2

**3** **Rechne und ergänze alle Lücken.**

60 cm + _____ cm = 1 m

93 cm + _____ cm = 1 m

24 cm + 15 cm + _____ cm = 1 m

48 cm + 34 cm + _____ cm = 1 m

3 m 40 cm + 15 cm = ___ m ____ cm

4 m 90 cm + 2 m = ___ m ____ cm

5 m 55 cm + 1 m 5 cm = ___ m ____ cm

4 m 70 cm + 80 cm = ___ m ____ cm

[ ] / 8

**4** **So groß ist Tim: Sieh dir die Tabelle an. Lies, rechne und ergänze alle Lücken.**

| 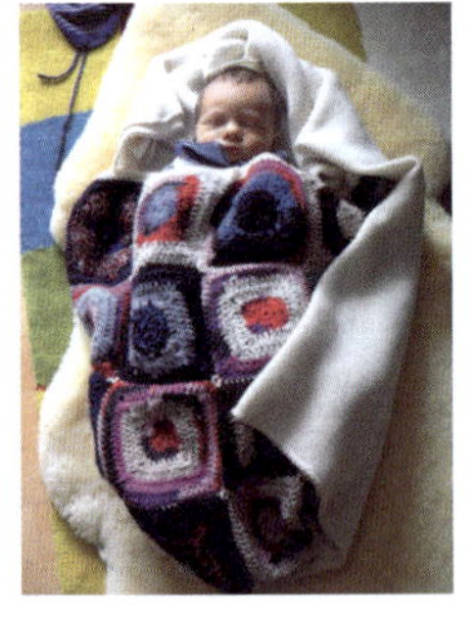 |  |  |  |
|---|---|---|---|
| Geburt: [ ] cm | 1. Geburtstag: 72 cm | 2. Geburtstag: 84 cm | 3. Geburtstag: [ ] cm |

Tim muss nach seiner Geburt noch **2 cm** wachsen, sodass er einen **halben Meter** groß ist. Tim wächst **vom 1. bis zum 2. Geburtstag** [ ] cm.
Beim **2. Geburtstag** fehlen ihm noch [ ] cm **bis zu einem Meter**.
Am **3. Geburtstag** ist Tim **doppelt so groß** wie bei seiner Geburt.

Rechne: ____________________

____________________

[ ] / 4

## Sachaufgaben: Tims Kaninchen

**5** Ein Kaninchen kann 3 m weit springen. Tims Papa lacht: „Ich kann **1 m 80 cm weiter** springen als ein Kaninchen." Tims Schwester Lena springt **90 cm weniger weit** als ein Kaninchen.

▶ Wie weit kann Papa springen? Wie weit kann Lena springen?

Rechne:

/ 2

Antworte: Papa springt ______ m ______ cm weit.

Lena springt ______ m ______ cm weit.

/ 1

**6** Tims Papa baut ein Freigehege für die beiden Kaninchen. Für die Eckpfosten des Geheges sägt er von einer 4 m langen Stange **vier Stücke** ab. Jedes Stück ist 50 cm lang.

50 cm

4 m

▶ Wie lang ist das Reststück, das noch übrig ist?

Rechne:

/ 1

Schreibe einen Antwortsatz:

/0,5

**7** Das Freigehege ist rechteckig. Es ist 2 m lang und 1 m 20 cm breit.

▶ Wie lang ist der Zaun außen herum insgesamt? Eine Zeichnung hilft dir.

Rechne:

/ 1

Antworte: Der Zaun ist insgesamt ______ m ______ cm lang.

/0,5

**Von 23 Punkten hast du ______ erreicht.**

## 20. Kalender: Monate, Wochen und Tage

**1 Hier siehst du einen Ausschnitt aus einem Kalender.**

**Kalender 2023**

**Januar**

| Mo | Di | Mi | Do | Fr | Sa | So |
|---|---|---|---|---|---|---|
| | | | | | | 1 |
| 2 | 3 | 4 | 5 | 6 | 7 | 8 |
| 9 | 10 | 11 | 12 | 13 | 14 | 15 |
| 16 | 17 | 18 | 19 | 20 | 21 | 22 |
| 23 | 24 | 25 | 26 | 27 | 28 | 29 |
| 30 | 31 | | | | | |

**Februar**

| Mo | Di | Mi | Do | Fr | Sa | So |
|---|---|---|---|---|---|---|
| | | 1 | 2 | 3 | 4 | 5 |
| 6 | 7 | 8 | 9 | 10 | 11 | 12 |
| 13 | 14 | 15 | 16 | 17 | 18 | 19 |
| 20 | 21 | 22 | 23 | 24 | 25 | 26 |
| 27 | 28 | | | | | |

**März**

| Mo | Di | Mi | Do | Fr | Sa | So |
|---|---|---|---|---|---|---|
| | | 1 | 2 | 3 | 4 | 5 |
| 6 | 7 | 8 | 9 | 10 | 11 | 12 |
| 13 | 14 | 15 | 16 | 17 | 18 | 19 |
| 20 | 21 | 22 | 23 | 24 | 25 | 26 |
| 27 | 28 | 29 | 30 | 31 | | |

**April**

| Mo | Di | Mi | Do | Fr | Sa | So |
|---|---|---|---|---|---|---|
| | | | | | 1 | 2 |
| 3 | 4 | 5 | 6 | 7 | 8 | 9 |
| 10 | 11 | 12 | 13 | 14 | 15 | 16 |
| 17 | 18 | 19 | 20 | 21 | 22 | 23 |
| 24 | 25 | 26 | 27 | 28 | 29 | 30 |

**Mai**

| Mo | Di | Mi | Do | Fr | Sa | So |
|---|---|---|---|---|---|---|
| 1 | 2 | 3 | 4 | 5 | 6 | 7 |
| 8 | 9 | 10 | 11 | 12 | 13 | 14 |
| 15 | 16 | 17 | 18 | 19 | 20 | 21 |
| 22 | 23 | 24 | 25 | 26 | 27 | 28 |
| 29 | 30 | 31 | | | | |

**Juni**

| Mo | Di | Mi | Do | Fr | Sa | So |
|---|---|---|---|---|---|---|
| | | | 1 | 2 | 3 | 4 |
| 5 | 6 | 7 | 8 | 9 | 10 | 11 |
| 12 | 13 | 14 | 15 | 16 | 17 | 18 |
| 19 | 20 | 21 | 22 | 23 | 24 | 25 |
| 26 | 27 | 29 | 29 | 30 | | |

**a** Kreise im Kalender alle Sonntage im Mai **rot** ein. ___ / 1

**b** Kreise die folgenden Daten **blau** im Kalender ein. ___ / 5

**11.02.2023** **08.06.2023** **03.03.2023** **01.04.2023** **17.02.2023**

**c** Zwei Tage sind im Kalender **grün** eingekreist.
Schreibe jeweils das Datum in Zahlen auf: ________ ________ ___ / 2

**d** Wie viele Dienstage gibt es im Januar 2023? ______ Dienstage ___ / 1

**e** Welcher Wochentag ist der 22. Mai 2023? ____________ ___ / 1

**f** Welcher Wochentag ist der 13.06.2023? ____________ ___ / 1

**g** Ist das Jahr 2023 ein Schaltjahr?
Erkläre, woran man das im Kalender oben sehen kann.

_______________________________________________

_______________________________________________ ___ / 2

**2** **Richtig oder falsch? Kreuze passend an.**

| | richtig | falsch |
|---|---|---|
| Jeder Monat ist gleich lang. | | |
| Ein Tag hat 24 Stunden. | | |
| Es gibt vier Monate, die nur 30 Tage haben. | | |
| Ein Jahr hat 355 oder 356 Tage. | | |
| Der letzte Tag im Jahr ist der 30. Dezember. | | |

/ 5

**3** **Rechne um.**

2 Wochen = ______ Tage 5 Wochen = ______ Tage 10 Wochen = ______ Tage

7 Tage = ______ Woche 21 Tage = ______ Wochen 28 Tage = ______ Wochen

/ 3

**Sachaufgaben: Rätsel rund um das Datum**

**4a** In einer Woche ist der 11. November.
Welcher Tag ist dann heute? Heute ist der ____________________.

/ 1

**b** Die Weihnachtsferien sind dieses Jahr 2 Wochen und 3 Tage lang.
Die Weihnachtsferien dauern insgesamt __________ Tage.

/ 1

**c** Heute ist der 3. September.
In genau drei Monaten habe ich Geburtstag.
Das Mädchen hat am ____________________ Geburtstag.

/ 1

**d** Heute ist der 29. Juni.
Am 4. Juli beginnen die Sommerferien!
Die Sommerferien beginnen in __________ Tagen.

/ 1

**e** Ich habe am 31. April Geburtstag.
Was sagst du dazu?

_______________________________________________

/ 1

**Von 26 Punkten hast du ______ erreicht.**

## 21. Uhr und Zeit

**1 Male alle Uhrzeiten passend zu den Uhren in der Mitte an.**

1.00 Uhr | 5.15 Uhr | 13.30 Uhr | 3.50 Uhr | 15.05 Uhr

15.50 Uhr | 3.05 Uhr | 13.00 Uhr | 1.30 Uhr | 17.15 Uhr

☐ /4,5

**2 Zeichne die Zeiger passend ein: Stundenzeiger rot, Minutenzeiger blau.**

8.00 Uhr

11.30 Uhr

14.45

21.15

19.05

☐ / 5

**3 Schreibe die Uhrzeit auf.**

Jetzt ist Mitternacht: ________ Uhr

Um sieben Uhr fünfundfünfzig beginnt die Schule: ________ Uhr

Ich frühstücke immer um Viertel nach sieben: ________ Uhr

Um halb drei Uhr nachmittags kommt Jan zum Spielen: ________ Uhr

☐ / 4

**4 Michaels Tag: Ergänze die Tabelle.**

| | Beginn | Dauer | Ende |
|---|---|---|---|
| Schule: | 8.00 Uhr | 4 Stunden → | ☐ Uhr |
| Zahnarzt: | ☐ Uhr | 30 Minuten → | 13.40 Uhr |
| Hausaufgaben: | 14.20 Uhr | ☐ Minuten → | 15.00 Uhr |
| Kino: | 17.30 Uhr | ☐ Stunden → | 19.30 Uhr |

☐ / 4

**5 Länger, kürzer oder gleich lang? Vergleiche und setze ein: >, < oder =.**

90 Minuten ◯ eineinhalb Stunden  eine Viertelstunde ◯ 4 Minuten

eine Stunde ◯ 100 Minuten  eine halbe Stunde ◯ 30 Minuten

/ 4

**6 Ergänze die Lücken.**

Jetzt ist es 11.30 Uhr.

In einer Viertelstunde gibt es Mittagessen.

Das Mittagessen gibt es um ________ Uhr.

Jetzt ist es 13.25 Uhr.

Ich bin spät dran. Das Fußballtraining hat schon vor 10 Minuten begonnen.

Das Fußball-training hat um ________ Uhr angefangen.

Jetzt ist es 23.40 Uhr.

Bald ist Mitternacht!

Bis Mitternacht dauert es noch ________ Minuten.

/ 3

**7** Emre fährt jeden Tag mit dem Bus zur Schule. Um 7.15 Uhr fährt sein Bus ab. 22 Minuten später kommt der Bus an der Schule an.

- Welche Fragen kannst du **ohne Rechnen** beantworten? Kreuze sie **grün** an.
- Welche Frage kannst du **nicht** beantworten? Kreuze sie **blau** an.
- Bei welcher Frage musst du **rechnen**? Kreuze sie **rot** an.

◯ Wann fährt der Bus ab?

◯ Wie viele Kinder sitzen im Bus?

◯ Um wie viel Uhr kommt der Bus an der Schule an?

◯ Wie viele Minuten fährt Emre jeden Morgen mit dem Bus zur Schule?

/ 2

- Rechne die rot angekreuzte Frage aus und schreibe einen Antwortsatz dazu.

Rechne: ________

/ 1

/0,5

**Von 28 Punkten hast du ______ erreicht.**

# 22. Quer durch die 2. Klasse

**1 Rechentabellen zum Einmaleins: Ergänze alle Lücken.**

| · | 2 | 4 | 6 | |
|---|---|---|---|---|
| 10 | | | | |
| 5 | | | | 45 |

| · | 5 | 6 | 7 | |
|---|---|---|---|---|
| 2 | | | | 16 |
| 4 | | | | |

/ 8

**2 Jedes Tier steht für eine bestimmte Zahl. Welche Zahl gehört zu welchem Tier?**

**a**

 +  = 15

 + 45 = 

 : = 

**b**

 +  = 

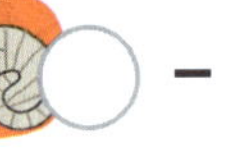 –  = 36

 · = 16

/ 6

**3 Rechne plus und minus bis 100.**

| | | | |
|---|---|---|---|
| 42 + 9 = ____ | 47 – 8 = ____ | 80 – 21 = ____ | 14 + 77 = ____ |
| 25 + 24 = ____ | 38 – 12 = ____ | 55 + 35 = ____ | 53 – 35 = ____ |
| 66 + 31 = ____ | 46 – 33 = ____ | 54 – 25 = ____ | 44 + 48 = ____ |

/ 6

**4 Zahlenrätsel: Rechne und kreise jeweils die gesuchte Zahl ein.**

**a** Ziehe von der Zahl 57 die Zahl 13 ab.

/1,5

**b** Wenn du zu meiner Zahl 10 und 19 dazuzählst, erhältst du 99.

/1,5

**c** Du erhältst 80, wenn du von meiner Zahl 20 abziehst.

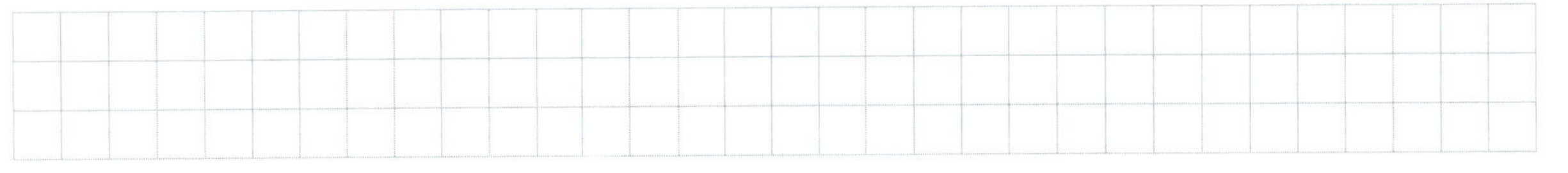

/1,5

**Sachaufgaben: Hexen, Zauberer und Geister**

**5** Die kleine Hexe Bella liebt Süßigkeiten. Deshalb lässt sie es jeden Morgen von 9.00 Uhr bis 10.15 Uhr jede Viertelstunde Bonbons regnen.

▸ Schreibe alle Uhrzeiten auf, zu denen es Bonbons regnet.

9.00 Uhr, ______ Uhr, ______ Uhr, ______ Uhr, ______ Uhr, 10.15 Uhr ☐ / 4

**6** Zauberer Fidibus zaubert 52 weiße Mäuse herbei. 37 davon schenkt er seiner Freundin Hexe Bella.

▸ Finde eine passende Rechenfrage, rechne und schreibe einen Antwortsatz.

______________________________ ☐ /0,5

Rechne: ☐ / 1

______________________________ ☐ /0,5

**7** Geist Grusu übt das Kettenrasseln. In der ersten Nacht rasselt er 2-mal, in jeder weiteren Nacht jeweils doppelt so oft wie in der Nacht davor.

**a** Fülle die Tabelle aus.

| 1. Nacht | 2. Nacht | 3. Nacht | 4. Nacht | 5. Nacht |
|---|---|---|---|---|
| | | | | |

☐ /2,5

**b** Wie oft rasselt Grusu in der dritten Nacht? Schreibe einen Antwortsatz.

______________________________ ☐ /0,5

**c** Wie oft hat Grusu nach fünf Nächten **insgesamt** mit seinen Ketten gerasselt?

Rechne: ☐ / 1

______________________________ ☐ /0,5

**Von 35 Punkten hast du ______ erreicht.**

# 23. Quer durch die 2. Klasse

**1 Bis 100 kannst du sicher rechnen.**

30 + 36 = ____  88 – 40 = ____  70 – 39 = ____  76 + 24 = ____

14 + 52 = ____  55 – 35 = ____  48 + 19 = ____  18 + 69 = ____

74 + 21 = ____  50 – 23 = ____  73 – 64 = ____  56 – 47 = ____

/ 6

**2 Malnehmen und teilen**

5 · 7 = ____  2 · 6 = ____  4 · 8 = ____  0 · 9 = ____

4 · 7 = ____  4 · 6 = ____  5 · 8 = ____  2 · 9 = ____

3 · 7 = ____  6 · 6 = ____  6 · 8 = ____  4 · 9 = ____

/ 6

**3 Ergänze.**

6 € + ____ € = 20 €  4 € 79 ct + ____ € ____ ct = 5 €

36 ct + ____ ct = 95 ct  8 € 80 ct + ____ € ____ ct = 10 €

/ 4

**4 Centmünzen**

**a** Welche **verschiedenen** Centmünzen gibt es? Zeichne sie hier alle auf.

/ 3

**b** Berechne: Wenn du jede **Centmünze** genau einmal hast, dann hast du ____ ct.

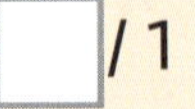
/ 1

**5 Verbinde die Uhrzeiten jeweils mit der passenden Tageszeit in der Mitte.**

19:10  00:30  15:30  07:00

**nachts**  **mittags**  **abends**  **morgens/vormittags**  **nachmittags**

12:00  10:30  01:45  16:05

/ 4

**6** **Lies den Text. Zeichne dann unten die Zeiger passend in die Uhren ein.**

Tim ist um 14.15 Uhr zum Kindergeburtstag eingeladen. Zwei Stunden davor ist die Schule zu Ende. Die Geburtstagsparty dauert drei Stunden lang. Eine halbe Stunde später kommt Tim nach Hause.

| Die Schule ist aus. | Die Geburtstagsparty fängt an. | Die Party ist zu Ende. | Tim kommt nach Hause. |
|---|---|---|---|

☐ / 4

**7** **Zeichne das Muster passend fertig.**

☐ / 2

**8** **Mosaiksteine**

Mia möchte ein Holzkreuz **ganz** mit roten Mosaiksteinen bekleben. Sie hat schon angefangen.

▶ Wie viele Mosaiksteine braucht sie **insgesamt**?

Mia braucht insgesamt ____ Mosaiksteine.

☐ /1,5

**9** **Welche Körperform haben die Gegenstände? Schreibe sie dazu.**

☐ / 3

**Sachaufgabe: Einen Ausflug machen.**

**10** Es ist Samstag und Leo fährt mit seinem Vater ins Schwimmbad. Um 15.00 Uhr gehen sie hinein. Der Eintritt kostet für Erwachsene 5 €, für Kinder die Hälfte. Leo und sein Vater genießen die Zeit und bleiben bis das Schwimmbad schließt. Für die Rückfahrt haben sie sich eine Busverbindung ausgedruckt: Sie steigen beim Schwimmbad ein und fahren drei Stationen weit.

**Öffnungszeiten:**

Montag bis Freitag: 13.00 Uhr bis 19.00 Uhr
Samstag: 9.00 Uhr bis 19.30 Uhr

**Buslinie 36**

| | |
|---|---|
| Nordstraße | 19.39 Uhr |
| Schwimmbad | 19.40 Uhr |
| Bahnhof | 19.49 Uhr |
| Maistraße | 19.54 Uhr |
| Hoferstraße | 19.59 Uhr |
| Heimplatz | 20.03 Uhr |
| Müllerstraße | 20.07 Uhr |

**a Stimmen die Aussagen? Kreuze richtig oder falsch an.**

| | richtig | falsch |
|---|---|---|
| Der Eintritt für zwei Erwachsene kostet 10 €. | | |
| Die Buslinie hat die Nummer 63. | | |
| Leo und sein Vater steigen bei der Müllerstraße aus. | | |
| Am Dienstag öffnet das Schwimmbad sechs Stunden lang. | | |
| Am Bahnhof fährt der Bus um 19.54 Uhr ab. | | |

☐ / 5

**b Rechne und schreibe jeweils einen Antwortsatz.**

▸ Wie viel müssen Leo und sein Vater insgesamt als Eintritt bezahlen?

Rechne: ____________ ☐ / 1

____________ ☐ /0,5

▸ Wie lange sind die beiden im Schwimmbad?

Rechne: ____________ ☐ / 1

____________ ☐ /0,5

▸ Wie lange fahren die beiden am Abend mit dem Bus zurück?

Rechne: ____________ ☐ / 1

____________ ☐ /0,5

**Von 44 Punkten hast du ______ erreicht.**

# Fachbegriffe – Rechenarten – Rechenregeln – Größen

**Achsensymmetrie**

Eine achsensymmetrische Figur kann durch Spiegelung an einer oder mehreren **Symmetrieachsen** mit sich selbst abgebildet werden.

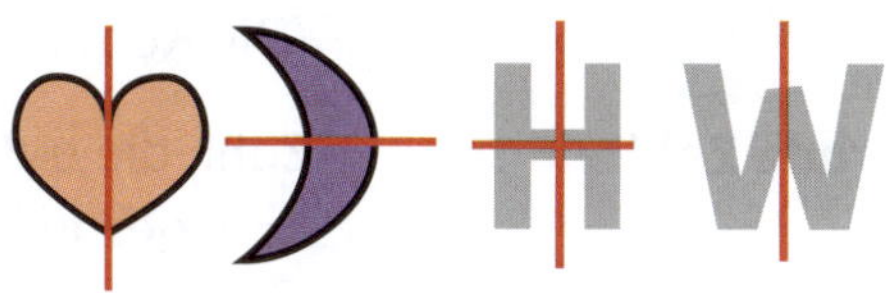


**Addition/addieren**

Plusrechnung/zusammenzählen, dazuzählen, ergänzen, hinzufügen
Beispiel: 25 + 48 = **73** Rechne schrittweise: (siehe auch:→ **Rechenstrich**)

25 + **48** =
25 + **40** + **8** =
65 + **8** =
65 + **5** + **3** =
70 + **3** = **73**

oder: **25** + **48** =
**20** + **40** = **60**
**5** + **8** = **13**
**60** + **13** = **73**

**Division/dividieren**

Geteiltaufgabe/Teilungsaufgabe/teilen; aufteilen oder verteilen
Beispiel: **6** : **3** = **2**

**aufteilen**
**6 Punkte** sind es insgesamt.
**3 Punkte** werden in einem Kreis gebündelt, **2 Kreise** entstehen.

1. 2.

**verteilen**
**6 Punkte** werden gleichmäßig an **3 Kinder** verteilt. Jedes Kind erhält **2 Punkte**.

**Doppelte von**

2 • (mit 2 malnehmen)

**Einmaleinstabelle**

| • | 1 | 2 | 3 | 4 | 5 | 6 | 7 | 8 | 9 | 10 |
|---|---|---|---|---|---|---|---|---|---|---|
| **1** | 1 | 2 | 3 | 4 | 5 | 6 | 7 | 8 | 9 | 10 |
| **2** | 2 | 4 | 6 | 8 | 10 | 12 | 14 | 16 | 18 | 20 |
| **3** | 3 | 6 | 9 | 12 | 15 | 18 | 21 | 24 | 27 | 30 |
| **4** | 4 | 8 | 12 | 16 | 20 | 24 | 28 | 32 | 36 | 40 |
| **5** | 5 | 10 | 15 | 20 | 25 | 30 | 35 | 40 | 45 | 50 |
| **6** | 6 | 12 | 18 | 24 | 30 | 36 | 42 | 48 | 54 | 60 |
| **7** | 7 | 14 | 21 | 28 | 35 | 42 | 49 | 56 | 63 | 70 |
| **8** | 8 | 16 | 24 | 32 | 40 | 48 | 56 | 64 | 72 | 80 |
| **9** | 9 | 18 | 27 | 36 | 45 | 54 | 63 | 72 | 81 | 90 |
| **10** | 10 | 20 | 30 | 40 | 50 | 60 | 70 | 80 | 90 | 100 |

**Fache von**

z. B. *das 3-Fache von* bedeutet *mit 3 malnehmen* (3 • ...)

**Flächenformen**

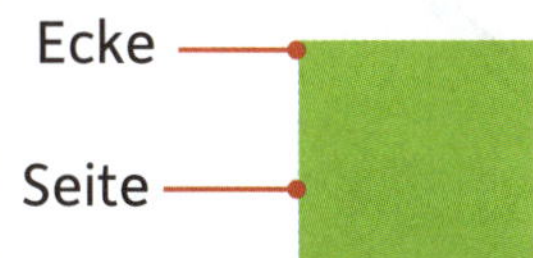


Quadrat

Rechteck

Dreieck

Kreis

Ein Quadrat ist ein besonderes Rechteck:
Seine vier Seiten sind gleich lang.

| | |
|---|---|
| **Geld** | Einheit: Euro (€) und Cent (ct):<br>Umrechnung: 100 ct = 1 €; 10 ct = 0 € 10 ct = 0,10 €; 1 ct = 0,01 €<br>**Achtung Kommaschreibweise**: 5 € 3 ct = 5,03 €<br>(Die Kommaschreibweise kommt in der 2. Klasse in der Regel noch nicht vor.) |
| **gerade Zahl** | Zahl, die auf 0, 2, 4, 6 oder 8 endet;<br>Eine gerade Zahl ist durch 2 teilbar; z. B. 18. |
| **Größen** | → **Geld**, → **Längen**, → **Zeit** |
| **Grundrechenarten** | → **Addition**, → **Subtraktion**, → **Multiplikation**, → **Division** |
| **halbieren/Hälfte von** | : 2 (durch 2 teilen) |
| **hinzufügen** | → **addieren** |
| **Hunderterfeld** | see table below |

| 1 | 2 | 3 | 4 | 5 | 6 | 7 | 8 | 9 | 10 |
|---|---|---|---|---|---|---|---|---|---|
| 11 | 12 | 13 | 14 | 15 | 16 | 17 | 18 | 19 | 20 |
| 21 | 22 | 23 | 24 | 25 | 26 | 27 | 28 | 29 | 30 |
| 31 | 32 | 33 | 34 | 35 | 36 | 37 | 38 | 39 | 40 |
| 41 | 42 | 43 | 44 | 45 | 46 | 47 | 48 | 49 | 50 |
| 51 | 52 | 53 | 54 | 55 | 56 | 57 | 58 | 59 | 60 |
| 61 | 62 | 63 | 64 | 65 | 66 | 67 | 68 | 69 | 70 |
| 71 | 72 | 73 | 74 | 75 | 76 | 77 | 78 | 79 | 80 |
| 81 | 82 | 83 | 84 | 85 | 86 | 87 | 88 | 89 | 90 |
| 91 | 92 | 93 | 94 | 95 | 96 | 97 | 98 | 99 | 100 |

**je/zu je/jeweils** — z. B. *Flaschen zu je 4 €* bedeutet: *Jede Flasche* kostet *4 €*.

**Körperformen**

| Ecke<br>Kante<br>Fläche | Würfel | Quader | Kugel | Pyramide vierseitig | Zylinder | Kegel | Prisma |
|---|---|---|---|---|---|---|---|
| Ecke | 8 | 8 | 0 | 5 | 0 | 1 Spitze | 6 |
| Kante | 12 | 12 | 0 | 8 | 2 | 1 | 9 |
| Fläche | 6 | 6 | 1 | 5 | 3 | 2 | 5 |

Beachte: Bei einem Würfel sind alle Kanten gleich lang.
Jeder Würfel ist immer auch ein Quader.

| | |
|---|---|
| **Längen** | Einheiten: Meter (m), Zentimeter (cm)<br>Umrechnung: 1 m = 100 cm (siehe auch: → **messen**) |
| **Malaufgabe** | → **Multiplikation** |
| **messen** | Auf einem Lineal sind Zentimeter und Millimeter eingezeichnet. Achte beim Messen darauf, das Lineal am **Nullpunkt** anzulegen.<br>0 1 2 3 4 5 6 7 8 Die Büroklammer ist **6 cm** lang. |
| **Minusrechnung** | → **Subtraktion** |
| **Multiplikation/ multiplizieren** | Malaufgabe/malnehmen, vervielfachen, das ...-Fache rechnen<br>Beispiel: **4 · 7 = 28**;<br>In jeder Malaufgabe steckt eine mehrfache Plusaufgabe. Sie kann dir beim Rechnen helfen: **7 + 7 + 7 + 7 = 28** |

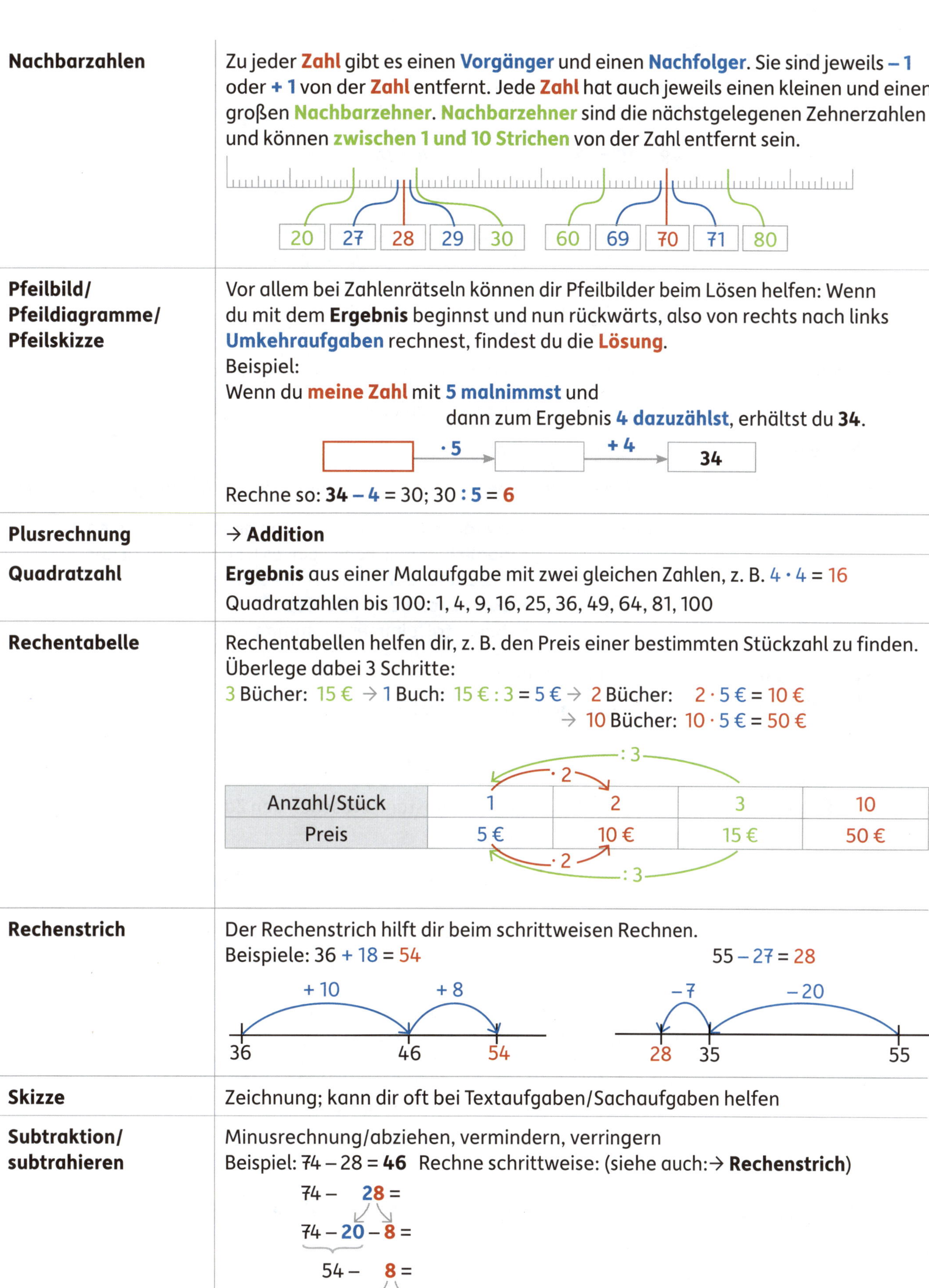

**Nachbarzahlen**

Zu jeder **Zahl** gibt es einen **Vorgänger** und einen **Nachfolger**. Sie sind jeweils **– 1** oder **+ 1** von der **Zahl** entfernt. Jede **Zahl** hat auch jeweils einen kleinen und einen großen **Nachbarzehner**. **Nachbarzehner** sind die nächstgelegenen Zehnerzahlen und können **zwischen 1 und 10 Strichen** von der Zahl entfernt sein.



**Pfeilbild/ Pfeildiagramme/ Pfeilskizze**

Vor allem bei Zahlenrätseln können dir Pfeilbilder beim Lösen helfen: Wenn du mit dem **Ergebnis** beginnst und nun rückwärts, also von rechts nach links **Umkehraufgaben** rechnest, findest du die **Lösung**.
Beispiel:
Wenn du **meine Zahl** mit **5 malnimmst** und dann zum Ergebnis **4 dazuzählst**, erhältst du **34**.



Rechne so: **34 – 4** = 30; 30 **:** **5** = **6**

**Plusrechnung**

→ **Addition**

**Quadratzahl**

**Ergebnis** aus einer Malaufgabe mit zwei gleichen Zahlen, z. B. 4 · 4 = 16
Quadratzahlen bis 100: 1, 4, 9, 16, 25, 36, 49, 64, 81, 100

**Rechentabelle**

Rechentabellen helfen dir, z. B. den Preis einer bestimmten Stückzahl zu finden. Überlege dabei 3 Schritte:
3 Bücher: 15 € → 1 Buch: 15 € : 3 = 5 € → 2 Bücher: 2 · 5 € = 10 €
→ 10 Bücher: 10 · 5 € = 50 €

| Anzahl/Stück | 1 | 2 | 3 | 10 |
|---|---|---|---|---|
| Preis | 5 € | 10 € | 15 € | 50 € |



**Rechenstrich**

Der Rechenstrich hilft dir beim schrittweisen Rechnen.
Beispiele: 36 + 18 = 54 55 – 27 = 28



**Skizze**

Zeichnung; kann dir oft bei Textaufgaben/Sachaufgaben helfen

**Subtraktion/ subtrahieren**

Minusrechnung/abziehen, vermindern, verringern
Beispiel: 74 – 28 = **46** Rechne schrittweise: (siehe auch: → **Rechenstrich**)

74 – **28** =
74 – **20** – **8** =
54 – **8** =
54 – **4** – **4** =
50 – **4** = **46**

**Symmetrieachse**

→ **Achsensymmetrie**

| | |
|---|---|
| **Tauschaufgaben** | Bei Plusaufgaben und Malaufgaben kannst du die **Zahlen tauschen**; das **Ergebnis bleibt gleich**. Das kann dir beim Rechnen helfen:<br>25 + 49 = 74     8 · 3 = 24<br>49 + 25 = 74     3 · 8 = 24 |
| **Teil einer Zahl** | zum Beispiel: *3. Teil von 6* bedeutet *6 : 3 = 2* (durch 3 teilen) |
| **Umkehraufgabe** | Eine Aufgabe wird **umgekehrt**: aus + wird –, aus · wird :<br>13 + 24 = 37     4 · 2 = 8<br>37 – 24 = 13     8 : 2 = 4<br>oder: 37 – 13 = 24     oder: 8 : 4 = 2 |
| **ungerade Zahl** | Zahl, die auf 1, 3, 5, 7 oder 9 endet. Zahl ist nicht durch 2 teilbar. |
| **Unterschied** | Der Abstand zwischen zwei Zahlen ist ihr Unterschied. |
| **verdoppeln** | 2 · (mit 2 malnehmen) |
| **Vergleich** | ist gleich (=), ist kleiner, kürzer, weniger als (<), ist größer, länger, mehr als (>) |
| **Wahrscheinlichkeit** | Kann das sein?<br>• **unmöglich**: trifft nie zu, kann niemals geschehen<br>• **möglich**: etwas kann sein, es ist aber nicht sicher<br>• **unwahrscheinlich**: trifft nur selten zu<br>• **wahrscheinlich**: trifft oft zu<br>• **sicher**: trifft immer zu, stimmt genau |
| **Zahldarstellungen/ Zahlzerlegung** | **Einer**-Würfel     Einer = E<br>**Zehner**-Stange (= 10 Einer-Würfel)     Zehner = Z<br>= 3 Z 4 E = 34 |
| **Zahlenfolgen/Zahlen-reihen** | Bei Zahlenreihen folgt der Abstand zwischen den Zahlen einem immer gleichen Muster:<br>1 —(+ 2)→ 3 —(· 3)→ 9 —(+ 2)→ 11 —(· 3)→ 33 —(+ 2)→ 35 |
| **Zahlenstrahl** | 10   20   30<br>Zahlenstrahl mit **Einer**-Schritten |
| **Zeit** | Einheiten: Tag, Stunde (h), Minute (min), Sekunde (s)<br>Umrechnen: 1 Tag = 24 h; 1 h = 60 min, 1 min = 60 s |
| **Ziffer** | Mit den Ziffern 0, 1, 2, 3, 4, 5, 6, 7, 8 und 9 kann man jede Zahl darstellen:<br>Die Zahl 32 besteht aus zwei Ziffern: 3 und 2. |

## Tipps zum Lösen von Sachaufgaben – 5 Schritte: LUFRA

**L**ies genau: Erzähle dir die Aufgabe in eigenen Worten!
**U**nterstreiche: Suche nach wichtigen Informationen zu Zahlen und Rechenzeichen!
**Fr**age: Was soll ich rechnen? Manchmal musst du die Frage selbst finden!
**R**echne: Löse die Aufgabe Schritt für Schritt! Schreibe den Rechenweg auf!
**A**ntworte: Die Antwort muss zur Frage passen!